增订版　夏国祥　编著

人民邮电出版社

北京

图书在版编目（CIP）数据

数学的故事 / 夏国祥编著. -- 2版（增订本）. --
北京 : 人民邮电出版社, 2023.7
ISBN 978-7-115-55718-6

Ⅰ. ①数… Ⅱ. ①夏… Ⅲ. ①数学－普及读物 Ⅳ.
①01-49

中国版本图书馆CIP数据核字(2020)第264559号

内容提要

本书的主角是数学，数学是研究数量关系和空间形式的学科！

放羊与记数有什么关系？跑步高手追不上慢腾腾的乌龟？足不出户也能计算地球与月球或太阳的距离？各种数学符号都是怎样发明出来的？人们是如何认识各种数学规律的？博弈论有什么奇妙之处？

本书通过讲述数学发展史上知名数学家的趣闻逸事，介绍了诸多数学基础知识和定理的发现过程，描绘了人类探寻数学奥秘、借助数学认识世界的历史。

阅读本书，在科学的旅程中探索，你不仅可以了解有趣的科学知识，还能从一个个小故事中获取很多学习的方法和做人的道理。本书适合广大的青少年，以及对数学感兴趣的其他读者阅读学习。

◆ 编　著　夏国祥
责任编辑　王朝辉
责任印制　王　郁　陈　犇
◆ 人民邮电出版社出版发行　　北京市丰台区成寿寺路 11 号
邮编　100164　　电子邮件　315@ptpress.com.cn
网址　https://www.ptpress.com.cn
北京九州迅驰传媒文化有限公司印刷
◆ 开本：700×1000　1/16
印张：9.25　　2023 年 7 月第 2 版
字数：186 千字　　2025 年 3 月北京第 3 次印刷

定价：49.80 元

读者服务热线：(010)81055410　印装质量热线：(010)81055316
反盗版热线：(010)81055315

前言：数学的实用性

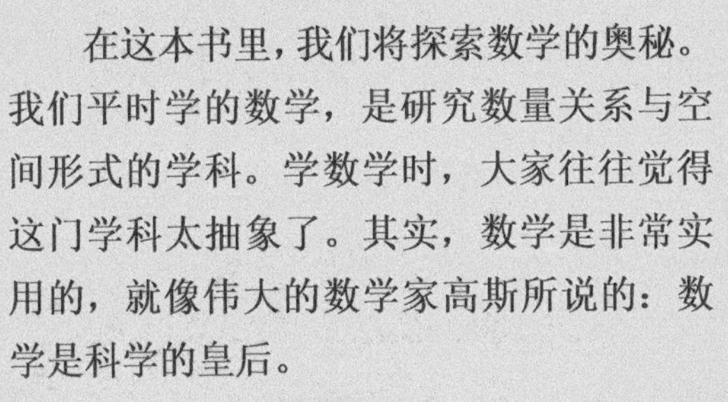

在这本书里，我们将探索数学的奥秘。我们平时学的数学，是研究数量关系与空间形式的学科。学数学时，大家往往觉得这门学科太抽象了。其实，数学是非常实用的，就像伟大的数学家高斯所说的：数学是科学的皇后。

生活中到处都要用到数学。例如，看时间、算价钱、算比赛分数，以及测量物体的大小、体积、质量等。

在工厂，工程师用微积分计算生产需要多少材料。

在飞机和轮船上，领航员用几何学来规划飞行或航行的路线。

在野外和工地，测绘员用三角学来测量空间。

在美术作品中，作者借助几何学展现空间和物体的结构。

在音乐中，数字可以用来表示音符，音节、和声的组成也都以数学为基础。

在科学研究中，物理原理需要用代数公式表达，平面几何和立体几何可用于研究原子核与电子是怎样结合的，天文学家用数学方法计算天体之间的运动关系，生物学家则用统计学分析亲代与后代之间的相似程度……

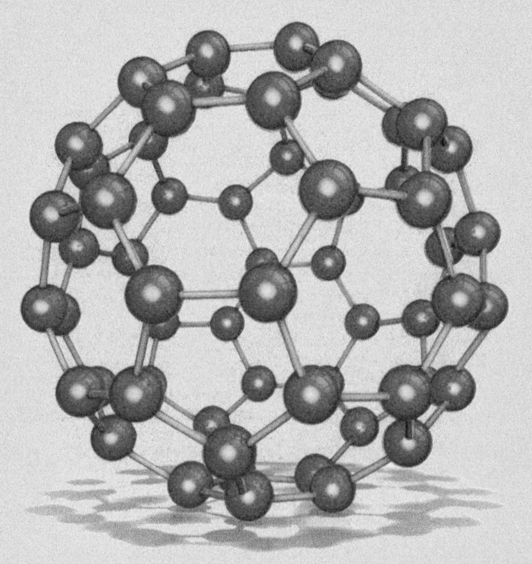

数字还被广泛用在扑克、麻将等娱乐活动中。

哇，数学这么有用！那人类究竟是怎么发现那么多数学规律的呢？

Contents

原始人也会记数

数字起源于人类的生产活动。最开始的时候，人们用小石子、木片、绳结等东西来记录数目。后来，他们觉得用实物比较麻烦，就改用记号来做记录。比如，每天早上出门放羊时，在树干上刻一些印子，用一个印子代表一只羊，到了晚上赶羊回圈后，对比羊的数目和树干上印子的数目，就知道羊是多了还是少了。

中世纪英国人用的刻符记事木片，原始人可能用过类似的记事方法

对于原始人来说，许多常见的东西都可以用来记数。比如，狮子头符号可以表示一，老鹰翅膀符号可以表示二，三叶草叶子符号可以表示三，以此类推。

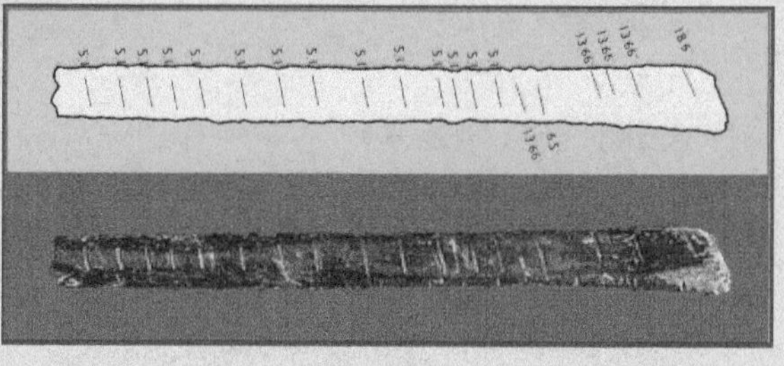

莱邦博骨

莱邦博骨是发现于非洲斯威士兰莱邦博山一个山洞里的古代狒狒腓骨，上面刻了一些凹槽，距今约 42000 年，这是迄今为止发现的最古老的记数工具。

伊尚戈狒狒骨和骨上的数字

伊尚戈狒狒骨是发现于非洲尼罗河源头之一的爱德华湖附近伊尚戈地区的古代狒狒腓骨，上面也刻有清晰的符号，时间为公元前 18000 年以前。一般认为，这些骨头上的符号代表的是质数（又称素数）数列或者阴历。

花样繁多的各民族数字

记录数字内容的普林顿 322 号泥板（巴比伦），时间为公元前 1900—公元前 1600 年

人类学会写字之后，又创造了一些符号来表示数字。用于表示数量的符号就是数字。数字符号很可能是人类发明的最早一批符号。

《莱因德纸草书》（古埃及），时间为公元前 1850—公元前 1650 年

在大约公元前 3500 年前，中东的苏美尔人第一个发明了文字和数字。他们用有尖头的树枝、骨头或其他类似笔的东西在泥板上面写字，写出来的文字是木楔形的，所以被称为楔形文字。大约公元前 3100 年，继承苏美尔人文化的巴比伦人又第一个发明了六十进制。直到今天，在计算时间时，人们用的还是六十进制。当时的人认为地球围绕太阳公转一圈的时间是 360 天，也就是一年，所以把圆分成 360 等份。

《莫斯科数学莎草书》（古埃及），时间为大约公元前 1850 年

另一个较早发明数字的是古埃及人。古埃及人在大约公元前 3000 年发明了象形数字和文字。

商代甲骨文（中国），时间为大约公元前 1200 年

一般认为，中国数字和汉字是大约 5000 年前的华夏族所发明的，但到现在为止所发现的最古老的中国数字和汉字文物是大约公元前 1200 年的商代甲骨文。

各个民族的数字符号差异很大。

巴比伦数字 六十进制 出现时间：约公元前3100年

玛雅数字 二十进制 出现时间：不详，考古学家认为可能在公元250年左右

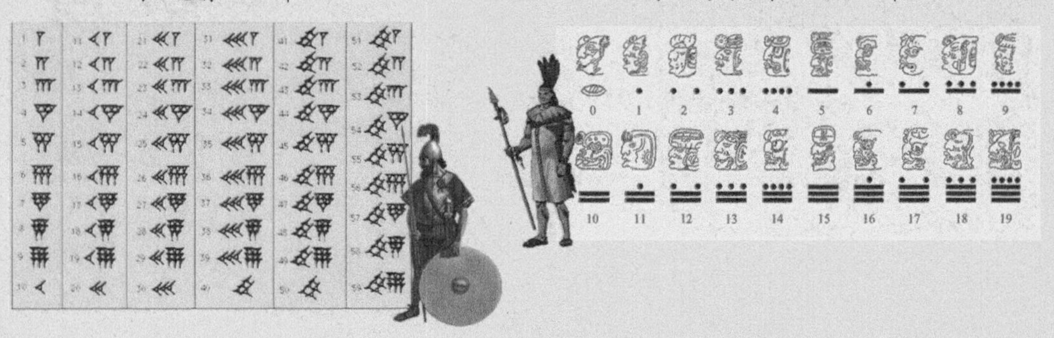

古埃及数字 十进制 出现时间：约公元前3000年

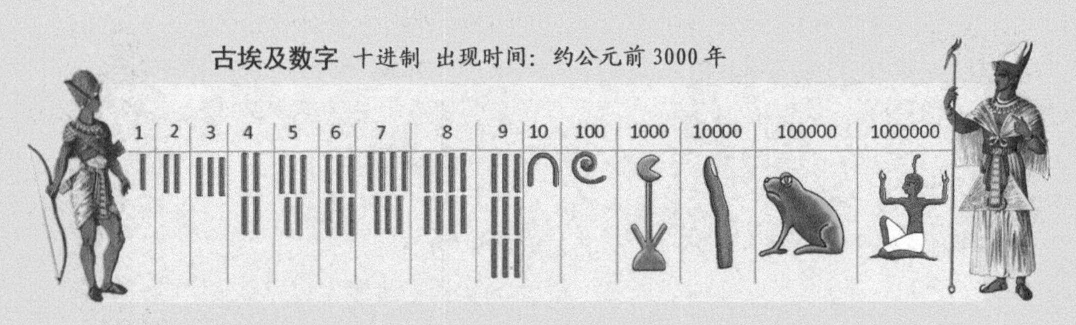

印度婆罗米数字 十进制 出现时间：公元前3世纪

1	2	3	4	5	6	7	8	9
一	=	≡	+	h	φ	㇁	∽	ʔ

中国数字 十进制 出现时间：殷商时期

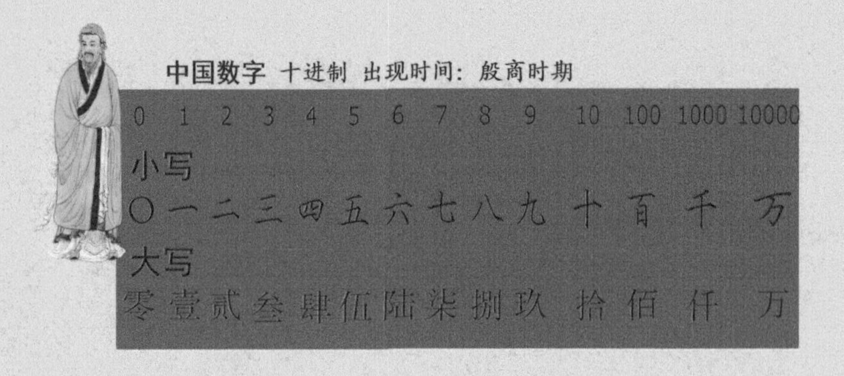

古希腊数字 十进制 出现时间：约公元前 5 世纪以前

Alpha	Beta	Gamma	Delta	Epsilon	Zeta	Eta	Theta
Α α	Β β	Γ γ	Δ δ	Ε ε	Ζ ζ	Η η	Θ θ
1	2	3	4	5	7	8	9

Iota	Kappa	Lambda	Mu	Nu	Xi	Omicron	Pi
Ι ι	Κ κ	Λ λ	Μ μ	Ν ν	Ξ ξ	Ο ο	Π π
10	20	30	40	50	60	70	80

Rho	Sigma	Tau	Upsilon	Phi	Chi	Psi	Omega
Ρ ρ	Σ σ ς	Τ τ	Υ υ	Φ φ	Χ χ	Ψ ψ	Ω ω
100	200	300	400	500	600	700	800

Digamma	Stigma	Koppa	Sampi
Ϝ	Ϛ	Ϙ	Ϡ
6	6	90	900

阿拉伯数字 十进制 出现时间：9 世纪

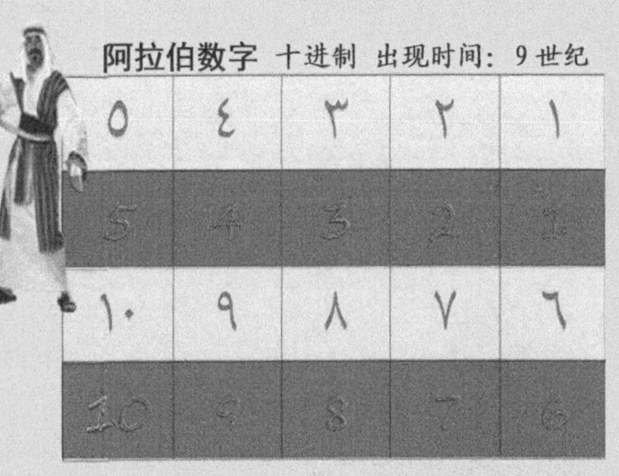

٥	٤	٣	٢	١
5	4	3	2	1
١٠	٩	٨	٧	٦
10	9	8	7	6

注：黄色方格内为东阿拉伯数字，玫红色方格内为西阿拉伯数字。

罗马数字 十进制 出现时间：公元前 1000 年

1	I
2	II
3	III
4	IV
5	V
6	VI
7	VII
8	VIII
9	IX
10	X

20	XX
30	XXX
40	XL
50	L
60	LX
70	LXX
80	LXXX
90	XC
100	C
500	D
1000	M

泰国数字
十进制
出现时间：
1283 年

๑	1	๖	6
๒	2	๗	7
๓	3	๘	8
๔	4	๙	9
๕	5	๐	0

古代中国人发明十进制

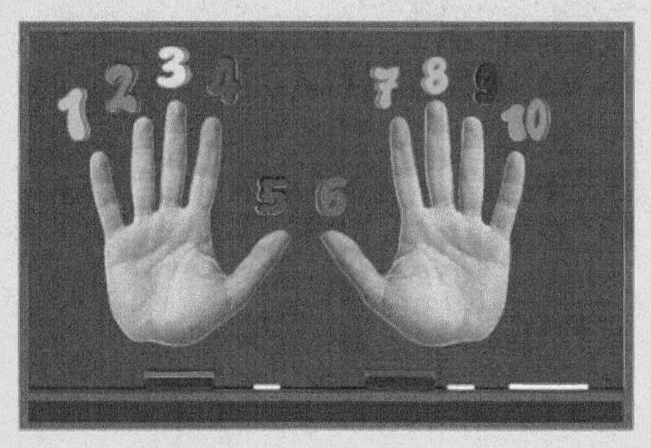

十进制是以10为基数的记数法，是世界上应用最广泛的进位制。古希腊哲学家亚里士多德认为，人类之所以普遍使用十进制，是因为绝大多数人生来就有10根手指。确实，直到今天，仍有很多小朋友、老爷爷、老奶奶在数数时会掰手指头。

实际上，在古代世界由不同民族发明的不同记数体系中，除了巴比伦人的楔形数字为六十进制，玛雅人的玛雅数字为二十进制外，其他的几乎全部为十进制。只不过，这些十进制绝大多数是没有进位的。

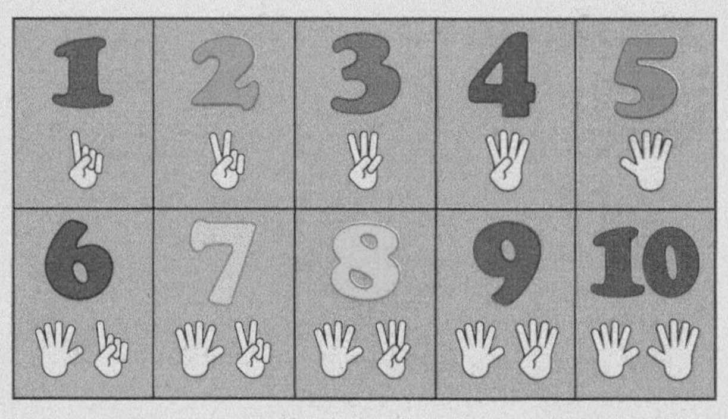

手势和对应的数字

通常认为，现在的带有位值的阿拉伯数字系统是由印度人发明的。不过，英国学者李约瑟却不这么认为。李约瑟写了一部叫作《中国科学技术史》的大厚书，他对古代中国的事情可是知道很多。他认为，阿拉伯数字中的“0”的概念可能来自中国，在古代中国很早就有了“0”的概念，以及带进位的十进制。美国学者罗伯特·坦普尔则干脆提出，带进位制的十进制就是中国人发明的。

古代日本人进行筹算的场面

筹算就是用一堆叫作算筹的小木棍、小草棍进行数学计算，至少在中国战国时期就已经出现，后来又传入日本、朝鲜。在筹算时，“3–3”就是从原有的3根小木棍中拿走3根。原来的地方变得什么也没有，叫作“空”，这就是“0”的概念。

古代印度的数学思想据说绝大部分是从中国传过去的，所以“0”的概念也是跟中国人学的。根据科学家的研究，早在中国商代的甲骨文中，就已形成完整的十进制数字系统。

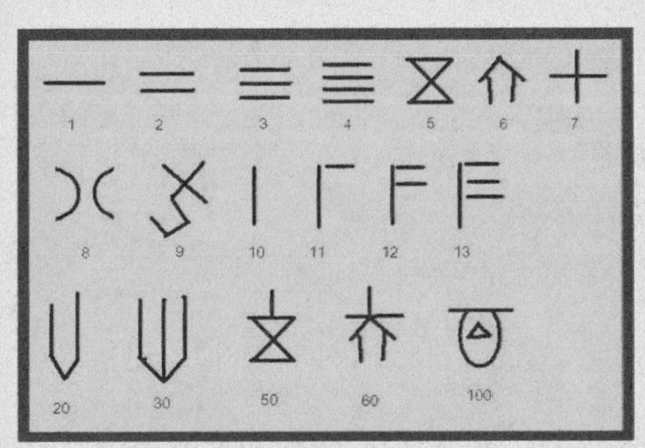

甲骨文中十进制数字的写法

古代印度人的贡献是发明了真正的“0”。一开始，古代印度人像古代中国人一样，用空格表示“0”。慢慢地，空格变成了点，后来又变成了现在的样子。一般认为，在公元8世纪，唐朝太史监印度人瞿昙悉达在主持编写《开元占经》时，把“〇”形式的“0”引进了中国。

泰勒斯：古希腊第一位哲学家

数学是一门非常实用的学科，首先在古希腊获得了长足的发展。约公元前624年，泰勒斯生于古希腊港口城市米利都（今属土耳其）。传说他是古希腊的第一位哲学家。

泰勒斯证明了很多几何命题：① 直径平分圆周；② 等腰三角形两底角相等；③ 两条直线相交，对顶角相等；④ 三角形两角及其夹边已知，此三角形完全确定；⑤ 圆的直径所对的圆周角是直角；⑥ 在圆的直径上的内接三角形一定是直角三角形。其中第5条定理就是人们平时所说的“泰勒斯定理”。

泰勒斯定理

借助丰富的数学知识，泰勒斯还算出了接近实际值的太阳直径，确定一年为365天，解释了日食的成因，并成功地预测了一次日食。

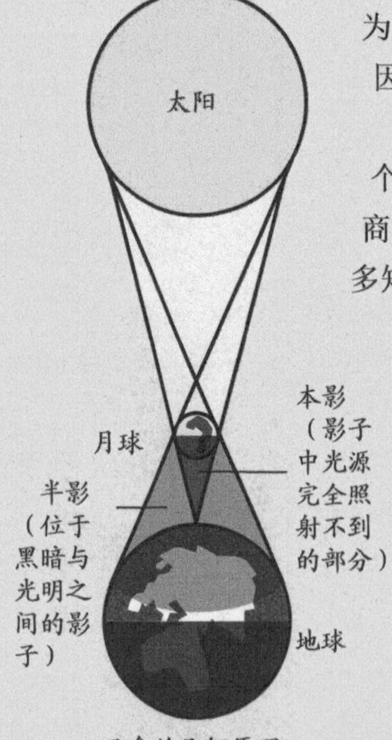

日食的几何原理

泰勒斯之所以特别厉害，有两个原因。一方面，他年轻时做过商人，经常走南闯北，学到了很多知识。另一方面，他特别用功，为了钻研学问，他甚至耽误了结婚这件终身大事。在年轻时，他说自己“还没到那个时候”；等到年纪很大时，他又说自己“已经不是想那个的时候了”。

毕达哥拉斯与勾股定理

跟泰勒斯一样，为了研究学问，毕达哥拉斯年轻时也曾经游历过很多地方。直到 49 岁，他才返回家乡萨摩斯岛（今希腊东部小岛）讲学。

毕达哥拉斯

毕达哥拉斯认为数是宇宙万物的本原，通过研究数可以探索到自然的奥秘。在他看来，数构成点，点构成线、面和体，体构成火、气、水、土四大元素，进而组成万物，所以数在万物之先；自然界的一切现象和规律都是由数决定的，都必须服从数的关系。

在数学方面，毕达哥拉斯最有名的成果是证明了毕达哥拉斯定理（又叫勾股定理）。据说有一回毕达哥拉斯去一个大人物家参加聚会，在等着吃饭的时候，他对主人家地面上铺的整齐的地砖产生了兴趣，结果在无意中就证明了勾股定理。

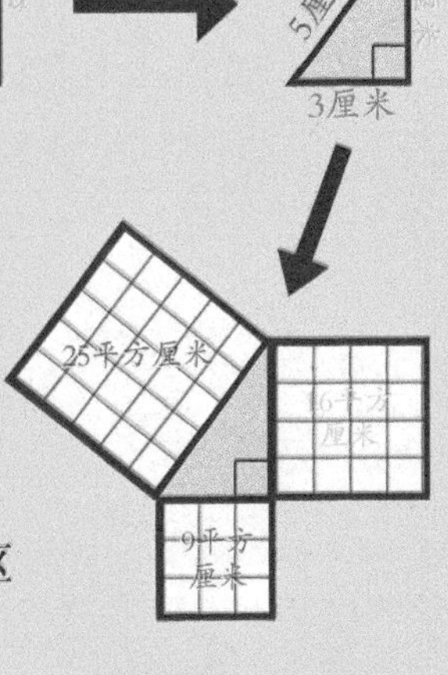

16 + 9 = 25

$a^2+b^2=c^2$

为了宣传自己的学说，毕达哥拉斯创建了毕达哥拉斯同盟（毕达哥拉斯学派），要求成员必须为本学派捐献财产，同时保守本学派发现的数学秘密。这个学派跟当时其他学派有一个很大的区别，就是允许女性参加活动。这在当时是很开明的做法。后来，有一位叫西诺的漂亮女学生爱上了毕达哥拉斯，成了他的妻子。

毕达哥拉斯　西诺

奇妙的“芝诺悖论”

芝诺

有历史学家认为，古希腊埃利亚的芝诺是个对古代数学发展具有决定性影响的人物，他以提出“芝诺悖论”而闻名。芝诺曾经提出过 40 个悖论，其中有 4 个最为著名。

“芝诺悖论”可以用微积分（无限）的概念解释，但必须用量子力学理论才能解决。人们因此注意到运动的不可分性，进而研究这类现象产生的原因。

两分法：一个人从 A 点走到 B 点，要先走完总路程的 $\frac{1}{2}$，再走完剩下路程的 $\frac{1}{2}$，再走完剩下的 $\frac{1}{2}$……如此循环下去，永远不能走到终点。

阿基里斯追龟悖论：阿基里斯要赶上乌龟，首先应该到达乌龟的出发点，但在他到达时，乌龟已经往前走了一段距离……如此循环下去，追赶者始终落在被追者后面。

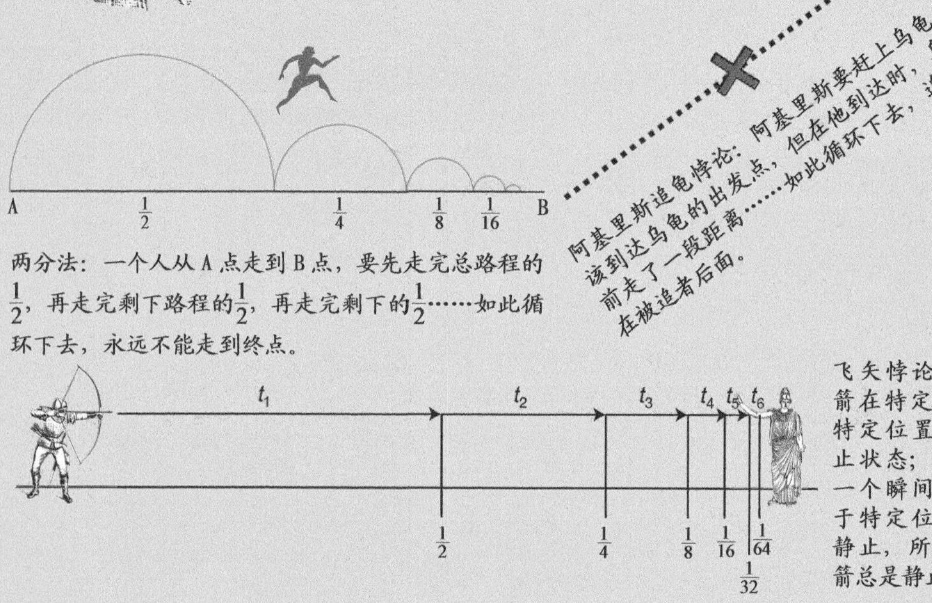

飞矢悖论：飞行的箭在特定时间位于特定位置，处于静止状态；由于在每一个瞬间，箭都处于特定位置，保持静止，所以飞行的箭总是静止的。

运动场悖论：假设在操场上，在一个最小时间单位里，相对于观众席 A，队列 B、C 将分别各向右和左移动一个距离单位，与此同时，对 B 而言，C 移动了两个距离单位；也就是说，队列既可以在一个最小时间单位里移动一个距离单位，也可以在半个最小时间单位里移动一个距离单位，这就产生了半个时间单位等于一个时间单位的矛盾。

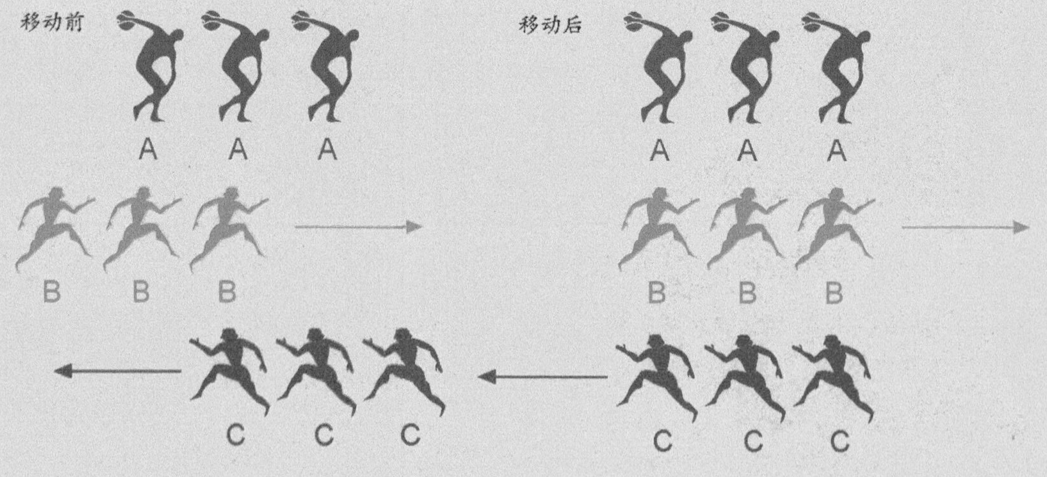

德谟克利特用“原子论”来理解数学

德谟克利特（又译作德谟克里特）出生在古希腊北部海岸城市阿布德拉，他被称为“第一位百科全书式的科学家”，他也是一位了不起的数学家。

油画中快乐的德谟克利特

德谟克利特认为物质是由一些不可分割的小微粒构成的，这就是所谓“原子论”。从“原子论”的角度出发，他认为数学领域的线、面、体分别由有限个原子组成，计算立体的体积就等于将构成该立体的原子的体积加起来。

德谟克利特从“原子论”的角度出发理解数学

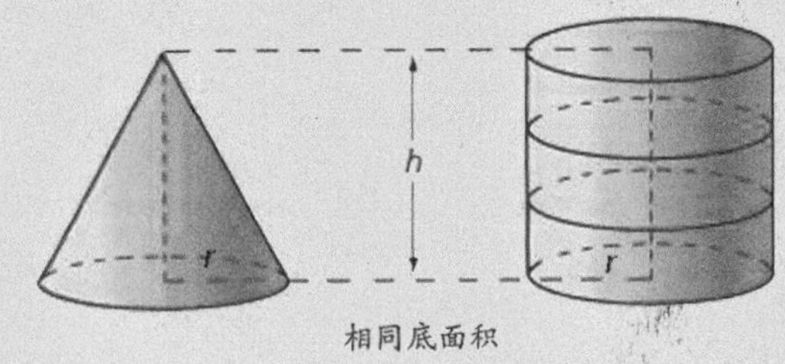

相同底面积

通过这种计算方法，他第一个得出圆锥或棱锥体积是等底同高的圆柱或棱柱体积的$\frac{1}{3}$。后代的数学家在发明微积分时，就受到过他的这种“原子论”数学观的启发。

圆锥的体积等于与它同样底面积、等高的圆柱体体积的$\frac{1}{3}$。

在年轻时，为了追求学问，德谟克利特出发去周游当时古希腊人所知道的“全世界”。后来回到家乡时，他已经花光了所有钱。有人去法庭告他，说他犯了“挥霍财产罪”。德谟克利特就去法庭上为自己辩护，讲了自己在经历、见识和知识方面的丰富积累，还当众朗读了自己的名作《大宇宙秩序》（一说作者为留基伯）。在场的人都被他的雄辩所征服。法官当场宣布德谟克利特无罪，并且给了他原有财产5倍的钱，作为对他的博学的奖励。

德谟克利特在法庭上为自己辩护

历史上第一本成体系的几何课本

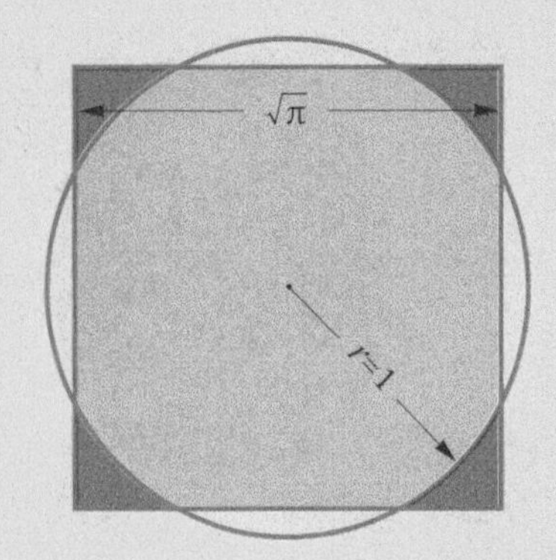

求一正方形，其面积和一已知圆的面积相同

古希腊时代，出现过一个叫“化圆为方”的问题。简单地说，就是要求用尺子和圆规做出一个正方形，它的面积要和给定圆的面积相同。这个问题实际上是无解的，但很多古代人都不知道。历史上曾经有很多聪明人为这个问题绞尽了脑汁。

生于科斯岛的希波克拉底就是其中的一个。不过，他的运气挺好——在思考“化圆为方”问题的过程中，他阴差阳错地发现了“月牙定理”。月牙定理指以直角三角形两条直角边为直径向外做两个半圆，以斜边为直径向内做半圆，则 3 个半圆所围成的两个月牙形面积之和等于该直角三角形的面积。

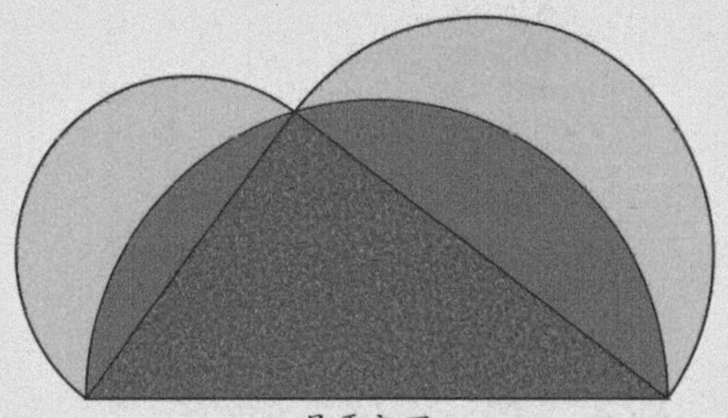
月牙定理

希波克拉底来到雅典

希波克拉底本来是一个商人，和数学的关系仅限于算账。有一次，他受到一些税务官员的欺骗，用光了所有的钱，他就去雅典控告骗自己的人。为了打官司，他在雅典待了很久。无聊时，他就去一所毕达哥拉斯学派成员开设的学校旁听数学课。日积月累，可能是天生有这方面的才华，加上特别勤奋努力，他成了一个通晓很多数学知识的人。这时，他干脆做起了数学教师。

或许是出于给学生讲课的需要，希波克拉底编写了历史上第一本系统的几何课本。可惜的是，这本书没有流传下来。后来非常有名的欧几里得的《几何原本》的部分内容，据说就是参考了希波克拉底的这本书。

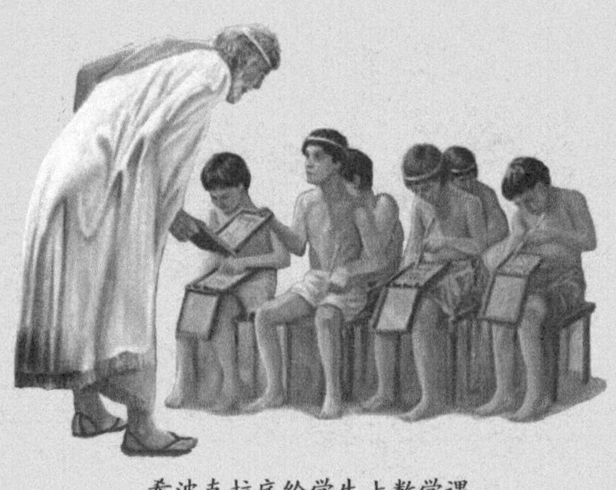
希波克拉底给学生上数学课

史上最牛的数学课本

欧几里得生于雅典，是古希腊最著名的数学家之一，被称为“几何学之父”。当他还是个十几岁的少年时，就进入柏拉图的雅典学园学习。经过若干年的学习后，欧几里得决心要在有生之年编写一本综合性的几何学著作，成为几何学第一人。为了实现这一目标，欧几里得不辞辛苦，长途跋涉，从爱琴海边的雅典古城来到尼罗河流域的埃及亚历山大城。

欧几里得在亚历山大图书馆学习

EUCLIDS
ELEMENTS
OF
Geometry.

Euclids DATA.

LONDON,

1661 年英国出版的《几何原本》

当时的埃及亚历山大城处在希腊人建立的托勒密王国统治下，拥有古代世界最大的图书馆——亚历山大图书馆，馆藏的图书最多时超过 50 万卷。在亚历山大图书馆，欧几里得通过忘我的工作，终于在公元前 300 年编写完成了《几何原本》一书。

牛津大学的欧几里得纪念像

《几何原本》系统地总结了当时西方人已知的大量几何学知识，成为欧洲数学发展的基础，被认为是历史上最成功的教科书，流传之广仅次于《圣经》。哥白尼、伽利略、笛卡儿、牛顿等许多伟大的科学家都学习过《几何原本》。如今《几何原本》仍然是许多欧美国家学生的必读图书。

首次合作将《几何原本》翻译成中文的意大利传教士利玛窦和中国明代科学家徐光启

柏拉图的数学理念世界

柏拉图生于古希腊的雅典，是大哲学家苏格拉底的学生。苏格拉底被雅典人判处死刑后，柏拉图在海外游历了很多年，一边试图实现自己的政治理想，一边到处求学。

公元前387年，柏拉图返回雅典，在城外的阿卡德米（又译作阿加德米）体育场旁创建了雅典学园，他在里面前后讲学40多年，直到去世。雅典学园持续存在了900多年，是后世大学的前身。西方文字中的“academy”（学院）一词就来源于雅典学园的所在地。

苏格拉底与柏拉图

画家拉斐尔根据想象描绘的雅典学园场景，其中中间靠左的人是柏拉图，此外还有许多其他伟大人物

1. 基底恩的芝诺 2. 伊壁鸠鲁 3. 未知（可能是画家拉斐尔自己） 4. 波伊提乌或阿那克西曼德或恩培多克勒 5. 阿威罗伊 6. 毕达哥拉斯 7. 亚西比德（又译作亚西比得、阿尔西比亚德斯）或亚历山大大帝 8. 安提西尼（又译作安提斯泰尼）或色诺芬或泰门 9. 拉斐尔或乌尔比诺公爵弗朗切斯科·玛丽亚一世·德拉·罗韦雷 10. 埃斯基涅斯或色诺芬 11. 巴门尼德（也可能是达·芬奇） 12. 苏格拉底 13. 赫拉克里特（也可能是米开朗琪罗） 14. 柏拉图（也可能是达·芬奇） 15. 亚里士多德 16. 锡诺帕的第欧根尼 17. 柏罗丁（又译作普罗提诺）（也可能是雕刻家多那太罗） 18. 欧几里得或阿基米德及学生们 19. 斯特拉波或琐罗亚斯德［也可能是卡斯蒂利奥内（又译作卡斯蒂廖内）］ 20. 可能是拉斐尔本人（画家把自己也画了进去） 21. 普罗托耶尼斯（也可能是画家伊尔·索多马、佩鲁吉诺）（注：很多古人的相貌未知，画家就用了同时代名人的脸代替古人的脸）

传说柏拉图在学园门口立了块牌子，上面刻着“不懂几何者不准入内”，由此可见柏拉图对数学的重视。

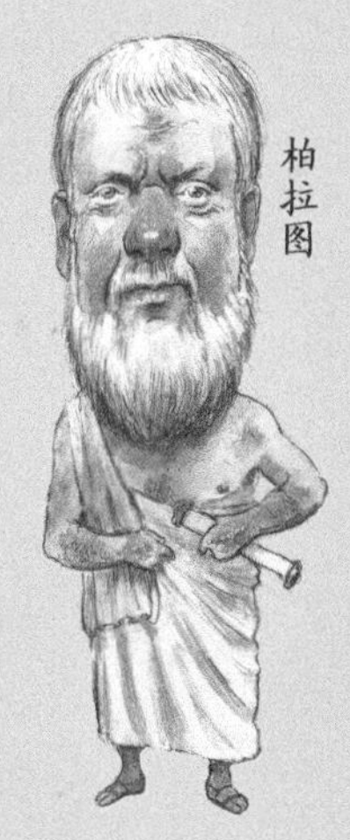
柏拉图

柏拉图受到毕达哥拉斯学派的影响，认为数是宇宙的本原，数学概念是一种特殊的独立于现实世界之外的客观存在，它们是不依赖于时间、空间和人的思维的永恒存在。作为数的具体形式，宇宙是个做圆周运动的圆球，宇宙中最初有两种直角三角形，从这些三角形中产生了多种正多面体，也就是火、气、土、水四大元素和组成天空中物质的以太，四大元素进一步组合构成万事万物。

火元素

气元素

土元素

水元素

以太

柏拉图还认为，世界由“理念世界”和“现象世界”（一说“感觉世界”）所组成。理念世界是真实的存在，永恒不变，而人类感官所接触到的现象世界，只不过是理念世界的影像。为说明这种情形，柏拉图讲了一个有关地穴的寓言。

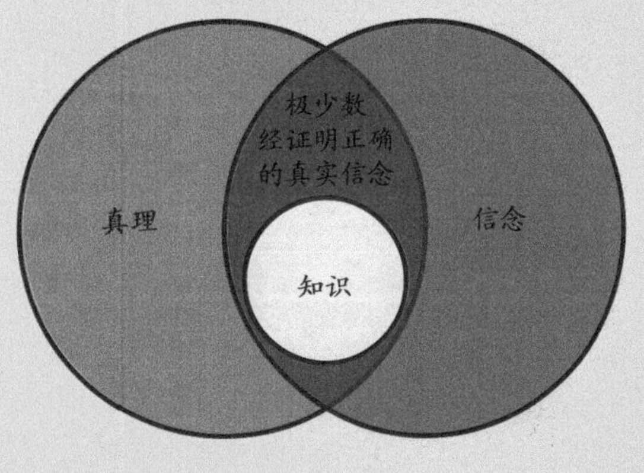

由理念构成的真实世界

被困在地穴中的囚徒所见的
由影像组成的现象世界

火光将墙后活动者的身
影投到地穴的墙壁上，
这代表人类的认知活动

欧多克索斯的贡献

有历史学家认为，欧多克索斯是和柏拉图同时代的学者中最杰出的数学家。他来自古希腊的尼多斯（今土耳其西南部），年轻时做过医生。有一次欧多克索斯去雅典，住在离雅典学园很远的地方。为了听柏拉图等大师讲课，他每天在两地之间步行往返十几千米。在晚年，他也像老师柏拉图那样，在家乡建了一所学校当老师。

当时毕达哥拉斯的学生希帕索斯（又译作希伯斯）发现了数学史上第一个无理数 $\sqrt{2}$。但这个发现动摇了毕达哥拉斯学派的“万物皆数”的观念。希帕索斯竟然因此被师兄弟们丢到海里淹死了！但欧多克索斯成功化解了历史上的第一次数学危机。欧多克索斯把“量”定义成长度、面积、质量等连续量，“数”仅限于指“离散的”有理数，比为同类量之间的大小关系。这种比的定义的好处在于回避了无理数的存在，使研究者可以利用比来研究相关数学问题。

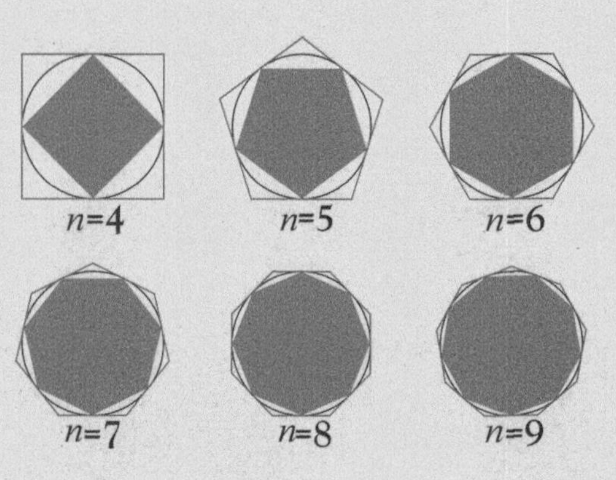

欧多克索斯对数学的第二个大贡献是发展了穷竭法（不断分割法）。穷竭法用于计算曲线图形面积或曲面体的体积，原理是将不方便计算的曲面图形或曲面体划分到无限小，小到可以近似被看成方便计算的程度，然后用计算若干个小块图形面积或体积和的方法计算曲面图形或曲面体的总面积或总体积。

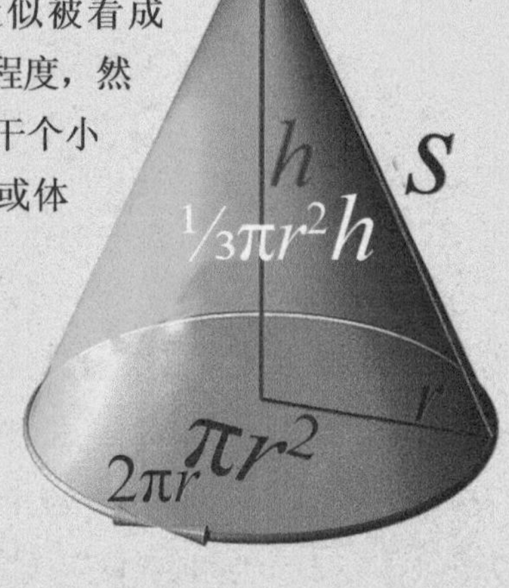

“棱锥体积是同底同高的棱柱体积的$\frac{1}{3}$”和“圆锥体积是同底同高的圆柱体积的$\frac{1}{3}$”这两个结论，是欧多克索斯首先用穷竭法证明的。显然，穷竭法已经可以被看作初步的微积分。

亚里士多德创立逻辑学

柏拉图认为数是世界的本原，说自己的哲学是“理念的科学”，而他最厉害的学生亚里士多德却有点跟他对着干的意思。亚里士多德不太喜欢柏拉图带有数学倾向的哲学思想，认为自己的哲学的研究对象是“作为存在的存在”。这造成了亚里士多德在学术上重视具体的自然科学学科研究的特点。

壁画《雅典学派》上，柏拉图手指向天，而亚里士多德则手掌向地

亚里士多德对很多学科都有研究，他的一大贡献是创立逻辑学。逻辑本身是指推论和证明的思想过程，而逻辑学是研究“有效推论和证明的原则与标准”的一门学科。按亚里士多德的说法，在他之前从没有人真正研究过逻辑学。他的逻辑学在他以后的几千年间主导了西方人的思想，其中包括所谓科学思维。

SP P
S必然是P
SaP
反对关系
S P
S必然不是P
SeP
充分条件
矛盾关系
充分条件
SiP
下反对关系
SoP
S可能是P
S SP P
S可能不是P
S SP P

逻辑方阵，展示了亚里士多德提出的 4 种逻辑命题之间的关系

不过，有一个情况估计会让他哭笑不得。亚里士多德很反感让数学包打一切的做法，同时他在自己的时代也不认可逻辑学可以成为数学的一部分。但是，逻辑学后来构成了数学推理和证明的基础。亚里士多德的逻辑学长期以来都是西方逻辑学的主流，直到 19 世纪才被数理逻辑学所代替。可是，数理逻辑学本质上仍旧是亚里士多德逻辑学，只不过是开始采用符号作为自己的语言。

亚里士多德一辈子不是做职业学生，就是做职业教师，被认为是古代世界的最后一个百科全书式的科学家。这是一个终生努力追求知识的人。亚里士多德曾说："人皆生而欲知。"

希腊三贤：柏拉图、苏格拉底和亚里士多德（从左至右）

亚里士多德的父亲是马其顿王室的御医。从18岁开始，他就在雅典学园跟着柏拉图学习各种知识。柏拉图死后，他开始自立门户带学生。他给学生上课时，喜欢一边在走廊或花园里溜达，一边说事。学生跟在旁边，可以记笔记，可以提问题。他的学派因此被称为"逍遥学派"。

亚里士多德给学生上课的场面

亚里士多德的学生中，最著名的一个是马其顿国王亚历山大大帝。这位征服者从13岁开始，跟着亚里士多德读了好几年书。亚历山大大帝一生关心科学，尊重知识，这在很大程度上是受到了亚里士多德的影响。

亚里士多德和亚历山大大帝

阿利斯塔克计算日地和月地距离

跟毕达哥拉斯一样，阿利斯塔克也是萨摩斯岛人。他曾经在雅典学园学习过。凭借对数学知识的熟练巧妙运用，他成了古希腊第一位著名的天文学家。

阿利斯塔克

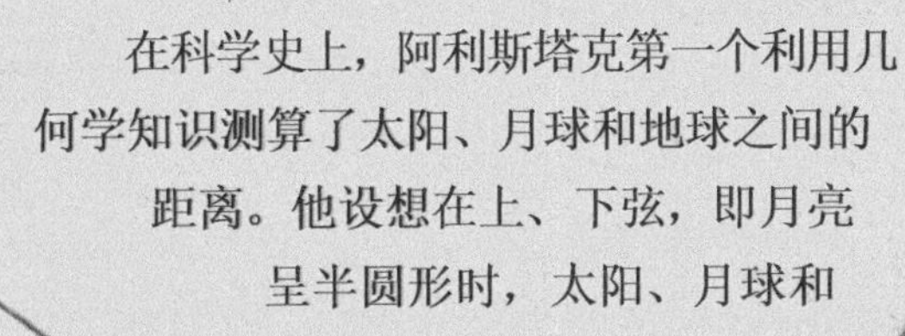

在科学史上，阿利斯塔克第一个利用几何学知识测算了太阳、月球和地球之间的距离。他设想在上、下弦，即月亮呈半圆形时，太阳、月球和地球应当形成一个直角三角形，通过测量太阳、月球和地球距离的角距，就可以测算太阳和月球的相对距离。他根据测得的角度87度，算出月球与地球的距离和太阳与地球的距离之比为1:18~1:20。

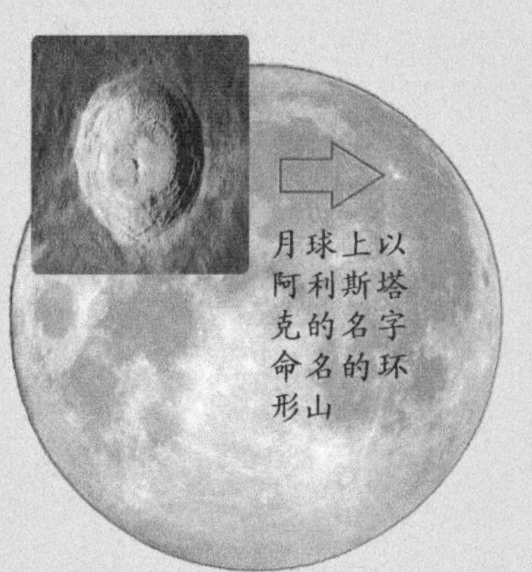

月球上以阿利斯塔克的名字命名的环形山

他根据日食情况，推得太阳直径是月球直径的18~20倍。他在月食时又计算出了地球影子的宽度，得出结论：地球直径是月球直径的约3倍。这些结果虽然跟实际数值差很多，但阿利斯塔克是第一个由此意识到太阳要比地球大很多的人。

太阳
月球
地球

地心说太阳系模型

阿利斯塔克还是历史上最早提出日心说的人。阿利斯塔克认为，地球每天在自己的轴上自转，每年沿圆周轨道绕太阳一周，太阳和其他恒星都是不动的，而行星则以太阳为中心沿圆周运转。哥白尼的日心说受到阿利斯塔克的影响。在《天体运行论》的手稿中，哥白尼曾经称赞过阿利斯塔克。

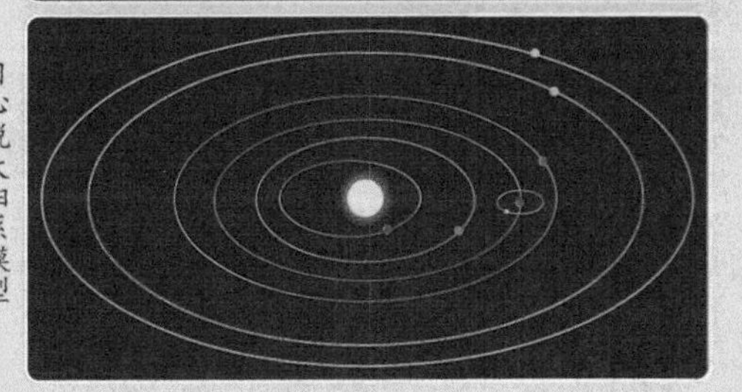

日心说太阳系模型

埃拉托色尼测量地球周长

埃拉托色尼

埃拉托色尼（又译作埃拉托斯特尼）在西方被称为“地理学之父”，他生于昔兰尼（今叙利亚境内）。他不仅通晓数学，而且在其他很多方面都很擅长，他还当过托勒密王国亚历山大博物馆的馆长。

埃拉托色尼发现，离亚历山大城约800千米的赛伊尼（今埃及的阿斯旺），夏日正午的阳光可以一直照到井底，因而这时候所有地面上的直立物都应该没有影子。但是，亚历山大城地面上的直立物有一段很短的影子。他认为：直立物的影子是由亚历山大城的阳光与直立物形成的夹角所造成的。从地球是圆球和阳光直线传播这两个前提出发，从假想的地心向赛伊尼和亚历山大城引两条射线，其中的夹角应等于亚历山大城的阳光与直立物形成的夹角。按照相似三角形的比例关系，已知两地之间的距离，便能测出地球的圆周长。

埃拉托色尼测出夹角约为7度，约是地球圆周角（360度）的$\frac{1}{50}$，由此推算地球的周长大约为40000千米，这与实际的地球的赤道周长（约40076千米）相差无几。

他还算出太阳与地球间的距离为1.47×10^8千米，和其实际距离1.496×10^8千米也惊人地相近。

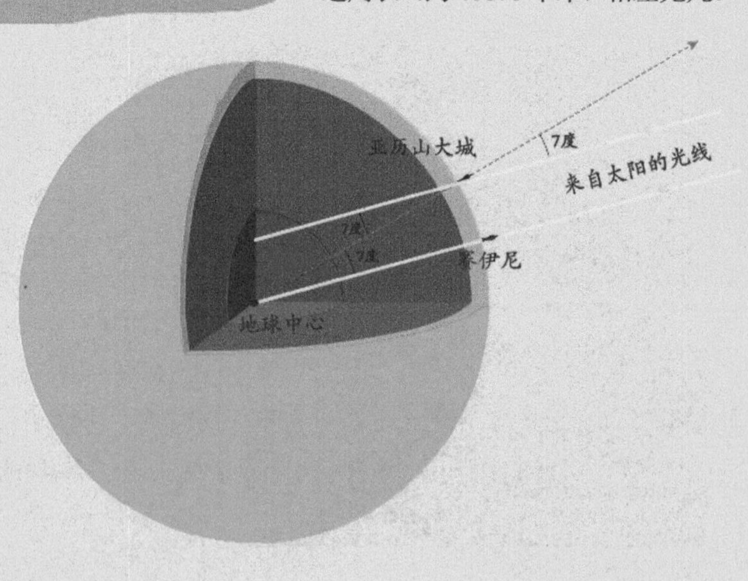

埃拉托色尼是首先使用“geography”（地理学）一词的人。他根据自己的数学知识和地理学知识，重新绘制了当时人们已知世界的地图。

古希腊几何的高峰

阿波罗尼奥斯是与欧几里得、阿基米德齐名的大数学家。他生于小亚细亚南岸的佩尔加（今土耳其境内），年轻时在亚历山大城跟着欧几里得的后继者学习过，慢慢地成了当时城里非常有名的数学家。阿波罗尼奥斯写的《圆锥曲线论》几乎将圆锥曲线的性质全部囊括，是一部经典巨著。这部作品可以说是代表了古希腊几何的最高水平，自此以后，欧洲几何学便没有实质性的进步了，直到17世纪，这种停滞的状态才被帕斯卡和笛卡儿打破。

阿波罗尼奥斯

公元前4世纪，最早系统研究圆锥曲线的古希腊数学家梅内克缪斯发现了抛物线、椭圆、双曲线。阿波罗尼奥斯在自己的书里汇总并发展了梅内克缪斯的研究成果和方法，证明了3种圆锥曲线都可以由同一个圆锥体截取而得，并提出抛物线、椭圆、双曲线、正焦弦等概念。在研究曲线时，他以圆锥体底面直径作为横坐标，以过顶点的垂线作为纵坐标，这给后世人建立坐标几何以很大的启发。

平面切割圆锥所形成的曲线

阿波罗尼奥斯的研究成果为1800多年后开普勒、牛顿、哈雷等数理天文学家研究行星和彗星轨道提供了数学基础。

阿波罗尼奥斯在亚历山大城给埃及国王托勒密三世讲解几何

数学之神阿基米德

阿基米德与牛顿、高斯并称世界三大数学家，他的几何著作代表了希腊数学的顶峰。他在自己的书中阐述了利用穷竭法计算球面积、球体积、抛物体体积、椭圆面积的方法，后世的数学家据此发展出近代的微积分。阿基米德还利用穷竭法求得 π 的值介于 3.1408 和 3.14286 之间。另外，他算出球的表面积是其内接最大圆面积的 4 倍，又导出圆柱内切球的体积是圆柱体积的$\frac{2}{3}$，这个成就被刻在他的墓碑上。

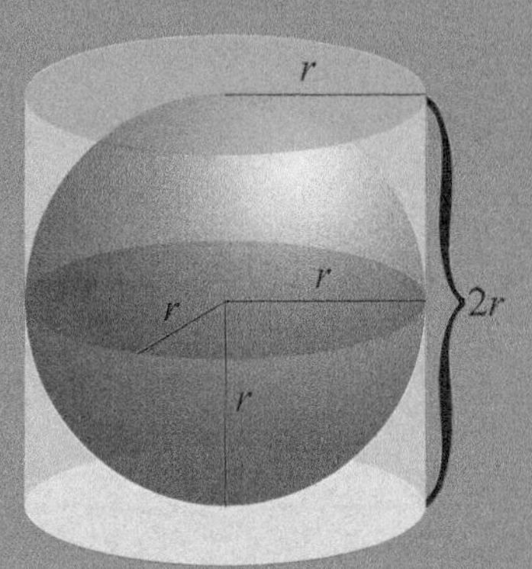

螺旋形曲线的性质是阿基米德第一个研究出来的，为了纪念阿基米德，这种曲线被命名为阿基米德螺线。另外，他还发明了一套记大数的方法，简化了记数的方式。

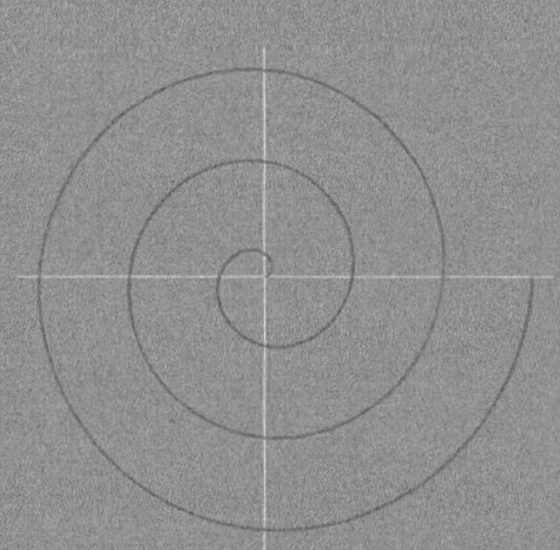

阿基米德螺线，又称等速螺线

除此以外，阿基米德在物理学、天文学、机械制造等方面也取得了很多成绩。阿基米德曾说："假如给我一个支点，我就能撬起整个地球。"

阿基米德的发明

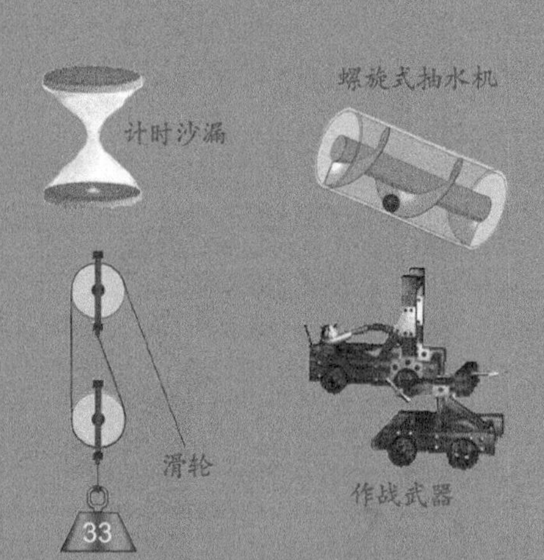

阿基米德之所以这样优秀，跟自身的努力、家教和名师指点都有一定关系。他生于古希腊西西里岛的叙拉古，父亲是一位天文学家和数学家。受父亲影响，阿基米德从小就对数学特别是几何学、天文学具有浓厚的兴趣。青年时代，阿基米德游学于亚历山大城，跟许多著名数学家学习过。

阿基米德发现阿基米德定律（又称阿基米德原理）

起重机攻击舰船原理

古罗马与迦太基间爆发第二次布匿战争时，属于迦太基的叙拉古遭到了罗马军队的进攻。当时阿基米德的年纪已经很大了，但他利用自己的科学知识，夜以继日地发明了很多武器：石弩能把大石块投向敌舰，或者把矛和石块射向罗马士兵；巨大的起重机可以将敌舰吊到半空中，然后丢到水面上……

据传说，有一次城里遭到偷袭，但青壮年男人和士兵们都上了前线，阿基米德就让妇女和孩子带着家中的镜子来到海边，一齐用镜子把阳光反射到敌舰的主帆上。千百面镜子的反光聚集在一点，船帆竟然被点着了！罗马人不知底细，被吓得慌慌张张地逃跑了。

太阳

海岸

镜子

镜子

敌舰

镜子

海岸

阿基米德发明的武器在相当长一段时间内阻止了罗马人的进攻，但后来叙拉古还是因为寡不敌众被攻破。阿基米德被罗马士兵杀死，终年 75 岁。

一个罗马士兵杀死了阿基米德

依巴谷用球面几何学测量星空

依巴谷（又译作喜帕恰斯）被后人称为“天文学之父”，但他在数学方面也很优秀。原因是他必须用数学方法分析和解释观测到的天文学现象。依巴谷生于小亚细亚半岛西北部的尼西亚（今土耳其境内），年轻时曾经到亚历山大城求学，学成后返回希腊，在罗得岛建立起自己的天文台，开始进行天文学研究。

依巴谷夜观天象

为了解决在球面准确表示行星位置变化和亮度变化这两个难题，依巴谷创立了球面三角学。球面三角学专门研究球面三角形的边、角关系。

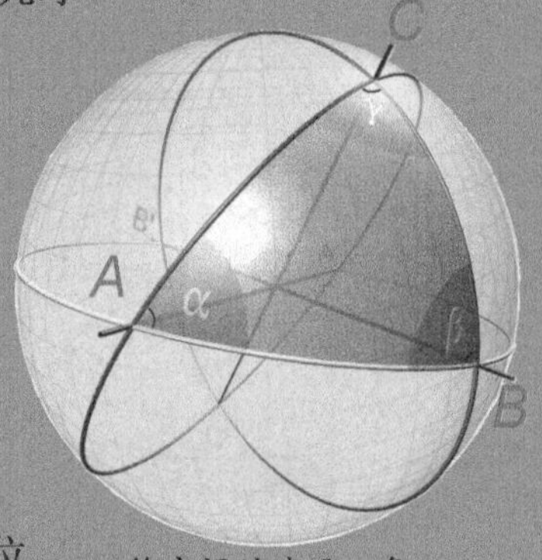

三维空间的球面三角

此外，借助前人的分析和自己的观测，依巴谷求得一年为365日零$\frac{1}{4}$日再减去$\frac{1}{300}$日，跟实际数值只差6分钟。他还发现了月球的朔望月、恒星月、近点月和交点月4种周期，并准确算出了这些周期的时间。他精确地测得白道（月球绕地球旋转所成轨道的平面和天球相交所形成的大圆）与黄道的交角为5度。他运用球面三角学方法计算出月地距离，还编制了几个世纪的太阳、月球运动位置表，用这些精密的数表来推算日食和月食。

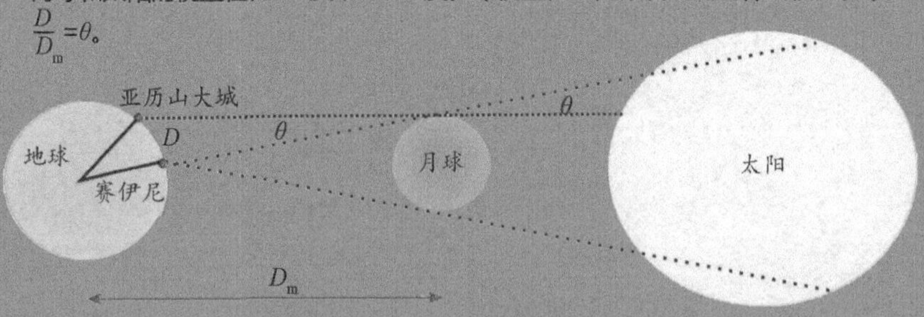

依巴谷编制了西方天文学史上第一张记载恒星的星表，这也是当时最先进的星表，共记录了850颗恒星。借助这张星表，他发现自己的观测结果与前人的记录有很大差异，这说明恒星并不“恒”，也是在移动的。

西塞罗给“数学”起名

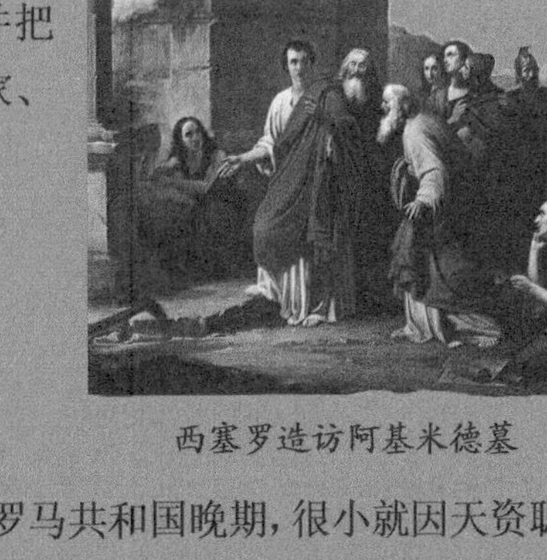

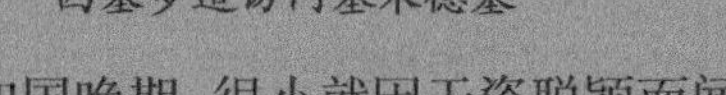

西塞罗造访阿基米德墓

阿基米德去世后，过了100多年，他在西西里岛的坟墓已经被荒草掩盖。一天，一位年轻的罗马官员带人披荆斩棘找到了这里，并把坟墓修整一新。这位官员就是古罗马政治家、雄辩家、哲学家西塞罗。

少年西塞罗

西塞罗生于罗马共和国晚期，很小就因天资聪颖而闻名。青年时期的西塞罗做过律师，后来投身政界，曾当过罗马共和国的执政官。由于演说和写作水平很高，他被认为是古罗马最好的演讲家和最好的散文作家之一。西塞罗早年在雅典学园和罗得岛求过学。在罗得岛用希腊语进行毕业演讲时，他的老师听得半天说不出话来。原因是希腊人本来认为罗马人很野蛮，光会打仗，但老师发现西塞罗的演讲水平非常高，就以为希腊人已经在所有方面都被罗马人赶超了！

西塞罗在罗马元老院演讲

由于懂古希腊文，西塞罗翻译了一些古希腊经典哲学著作给罗马人看。在这个过程中，西塞罗将古希腊文的数学一词“μάθημα”翻译成拉丁文“mathematica”，英文中的数学一词“mathematics”就是从后者发展来的。

在罗马共和国晚期的政治动乱中，西塞罗选择支持共和制度，结果被政敌派人杀害了。

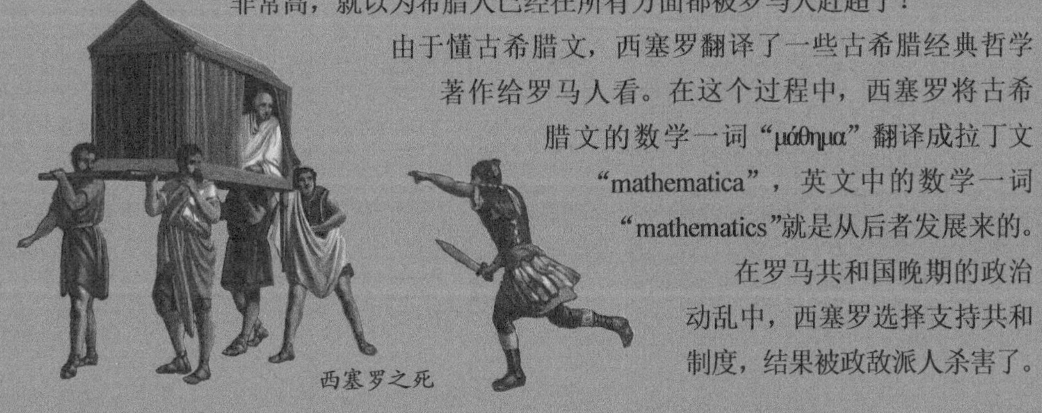

西塞罗之死

玛雅人最早发明特别数字“0”

阿拉伯数字	汉字数字	古希腊文数字
9	九	εννέα
90	九十	ενενήντα
100	一百	εκατόν
199	一百 九十 九	εκατόν ενενήντα εννέα

没有“0”的数字写起来很麻烦

古希腊人直到亚历山大大帝时代都不知道使用“0”。他们的记数系统由于没有“0”而非常复杂，写一个比较大的数时，就需要写一大堆比较小的数作为代替。中国的汉字数字大写系统也属于这种情况。在有“0”的可进位的数字系统里，一个单独的数字表示的并不是数字本身，而是它所在的位值。使用这样的数字系统写起来更简单，更容易。

玛雅文字中“0”的两种写法

在古代，有很多文明都独自发明过“0”，只不过写法各不相同。在这些文明中，玛雅人是最早发明特别数字“0”的，时间在距今2000年左右。在相当于大写数字的系统中，他们采用的是一个漫画人脸似的符号；而在相当于小写数字的系统中，他们选择用一个海贝形状的符号来表示“0”。这个海贝符号很像横放的阿拉伯数字中的“0”。通常，海贝壳里面是有一个牡蛎或者一颗珍珠的，如果拿掉了里面的东西，光剩下壳，那就变成了“无”的状态。玛雅人之所以选择海贝代表“0”，很可能是因为这一点。

在美洲，还有一个比玛雅文明更古老的奥尔梅克文化。有些学者认为，玛雅人懂得用“0”，也可能是从奥尔梅克人那里学来的。

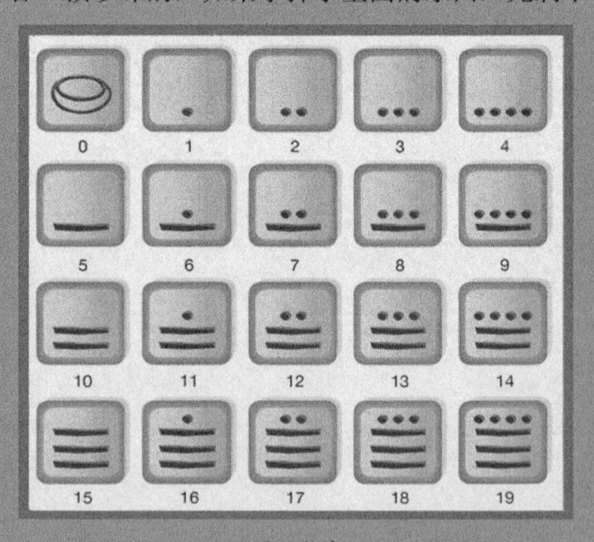

玛雅数字

玛雅人的历法轮

在玛雅人那里，数字的最多也是最常见的用途是纪年。在算数时，玛雅人使用的是二十进制。在历法中，他们则采用十八进制，这样做可能是为了算起来方便，因为玛雅历法中一年有360余天。

他们认为，世界开始的时间是公元前3114年8月11日（一说13日）（按照现代公历），玛雅人的所有纪年都是以这个史前时间点为参照物的。玛雅人使用的历法叫作长计历，奥尔梅克人可能也使用这种历法，但玛雅人和比玛雅人所处时代晚的阿兹特克人则肯定是用的。

马德里抄本中表现玛雅人进行天文观测的画面

从外形上来看，玛雅历法轮有点像一圈圈旋转的轮子，尽管包括玛雅人在内的美洲原住民实际上从来没有发明过轮子或者轴一类的东西。但是，玛雅人有非常高深的天文学知识，最典型的案例就是他们估算太阳年为365.2422天。这个数字直到20世纪以前都是最精确的，甚至比人类现在通用的带闰年的公历系统采用的数字更精确。

玛雅人的文字是一种象形文字，在古代美洲诸民族的文字中是最先进的。在西班牙人征服了中美洲后，以兰达主教为首的传教士认为，玛雅文字和文化是玛雅人信仰基督教的障碍，因此下令禁止使用玛雅文字，并销毁了大量的玛雅图书。玛雅人本来有很多记载他们历史的手抄本古书，但经过这场浩劫，在这些古书中，只有4本幸存了下来。现代人因此再也没办法知道玛雅人是怎样发明“0”的了。

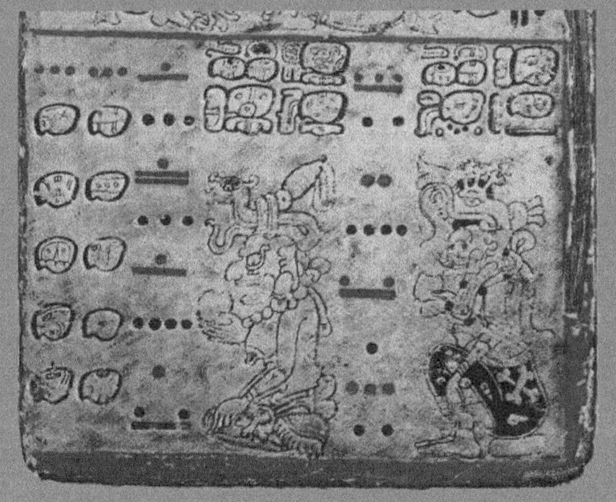

幸存的玛雅古书德累斯顿抄本中的一个页面

简便求面积的新方法

数学家希罗是罗马统治下的古埃及亚历山大博物馆的老师，主要教数学、物理。他最著名的数学成果之一是希罗公式。利用希罗公式，在知道三角形三边的长而不知道高的情况下就可以简便地求出其面积。这一招在测量土地面积时十分有用。

在数学方面，希罗的成就还有正三到正十二边形面积计算法、多种立体图形体积的求法、求非完全平方整数平方根的近似值的公式等。

希罗展示汽转球

汽转球

作为发明家，希罗发明了很多极富奇思妙想的机械，比如汽转球（也叫希罗球，被称为世界上第一个蒸汽机）、里程仪、热空气机、水力风琴、水钟等。

球面上两点间距离的奥秘

古希腊数学家、天文学家梅涅劳斯早年在亚历山大城求学，后来搬到罗马城定居。在他生活的时代，罗马已经成了地中海沿岸的霸主。

在历史上，梅涅劳斯是第一个从大地测量学的角度出发，意识到球面上两点间的最短路径是一条直线的人。要理解这个，需要点儿想象力：你可以把那个球想象成地球，地球表面是圆的，但在日常生活中，由于地球非常大，我们感觉其表面的两个点之间的最短连线是直的。梅涅劳斯留给后世的最大财富就是他著的《球面学》一书，这也是他的著作中唯一流传下来的一本。在这本书里，他进一步发展了球面三角学，提出了后来以他的名字命名的梅涅劳斯定理。不过，这个定理到底是不是他提出的，现在已经无法考证了。

该定理为，如果一条直线与$\triangle ABC$的三边AB、BC、CA或其延长线交于F、D、E点，那么$\frac{AF}{FB}\times\frac{BD}{DC}\times\frac{CE}{EA}=1$。这个定理的逆定理也成立：若有三点$F$、$D$、$E$分别在$\triangle ABC$的边$AB$、$BC$、$CA$或其延长线上，且满足$\frac{AF}{FB}\times\frac{BD}{DC}\times\frac{CE}{EA}=1$，则$F$、$D$、$E$三点共线。

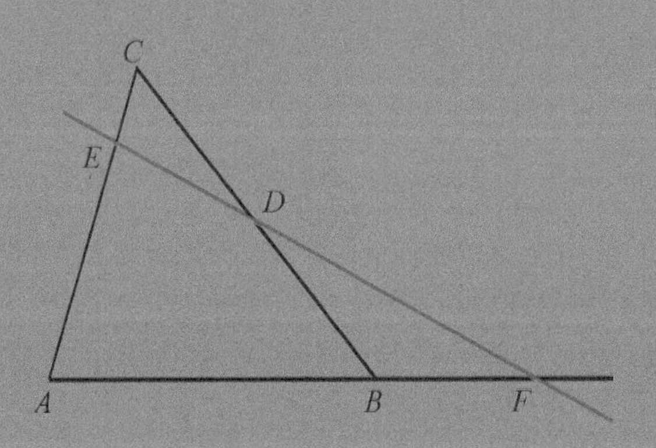

使用梅涅劳斯定理可以进行直线中线段长度比例的计算，其逆定理还可以用来进行三点共线、三线共点等问题的判断，是几何学中的一个基本定理，具有重要的作用。

托勒密推算宇宙模型

托勒密（又译作托勒玫）生于罗马帝国统治下的埃及，其父母都是希腊人。他年轻时去亚历山大城求学，后来就一直在那里工作、生活。在数学方面，托勒密一向以托勒密定理而闻名。托勒密定理本来是依巴谷发现的，托勒密将它收在自己的书里，并加以完善，结果就成了他的定理。

托勒密

托勒密定理

托勒密定理：圆的内接四边形两对对边长度乘积的和等于两条对角线长度的乘积。

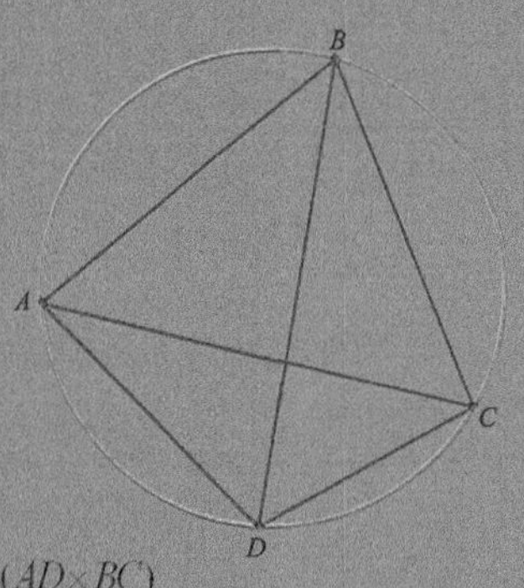

$AC \times BD = (AB \times CD) + (AD \times BC)$

托勒密的《天文学大成》一书是当时天文学的百科全书。在书中，托勒密结合依巴谷的观测和研究成果，利用自己的数学知识，推算出一个以地球为中心的宇宙模型。这个地心说在当时是有进步意义的，在后来的1000多年间被当成真理，直到被哥白尼的日心说所推翻。

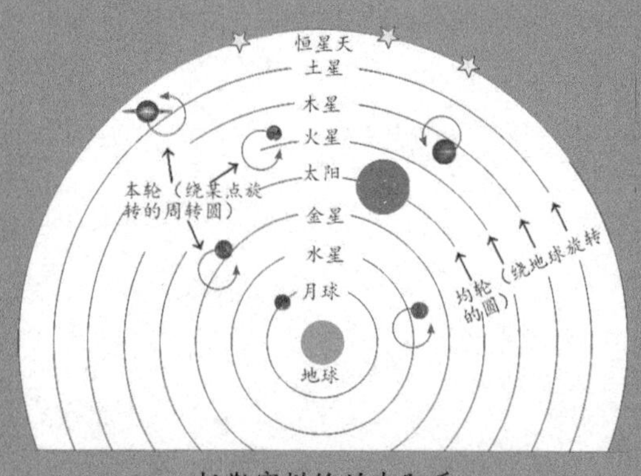

托勒密描绘的太阳系

托勒密还是一位地理学家。据学者研究，伟大的哥伦布之所以坚信能找到亚洲，就是因为相信托勒密的《地理学指南》一书里的说法。此外，托勒密还懂占星术，研究过光的折射，认为光线在折射时入射角与折射角成正比关系。

《孙子算经》首次提出中国剩余定理

中国剩余定理最早见于中国古代的数学书《孙子算经》。《孙子算经》中有一个“物不知数”问题，原题为：“今有物不知其数，三三数之剩二，五五数之剩三，七七数之剩二。问物几何？”用大白话来说就是，一个整数除以三余二，除以五余三，除以七余二，求这个整数。

中国剩余定理

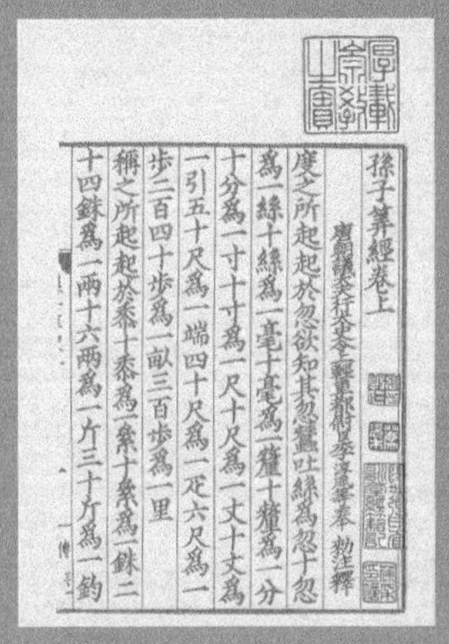

孫子算經卷上

唐朝議大夫行太史令上輕車都尉臣李淳風等奉 敕注釋

度之所起起於忽欲知其忽蠶吐絲為忽十忽
為一絲十絲為一毫十毫為一氂十氂為一分
十分為一寸十寸為一尺十尺為一丈十丈為
一引五十尺為一端四十尺為一疋六尺為一
步二百四十步為一畝三百步為一里
稱之所起起於黍十黍為一絫十絫為一銖二
十四銖為一兩十六兩為一斤三十斤為一鈞

《孙子算经》中的一个页面

从本质上看，这个问题是一个一次同余方程组问题，在世界数学史上属于首次提出。《孙子算经》不仅用例题的形式提出了这个问题，还给出了有解条件和具体解法，因此，中国剩余定理也被称为孙子剩余定理。

一般认为，《孙子算经》和孙子剩余定理与伟大的中国古代军事家孙子毫无关系。这本书里有一道“今有佛书”的问题，而在孙子生活的春秋时代，佛教尚未传入中国。多数科学家认为，《孙子算经》应成书于南北朝时期。

这个定理还有一个名字叫“韩信点兵”。据说，汉朝大将韩信为防止敌方间谍打探消息，曾利用这个定理清点人数。他让士兵列队时不是排成长队，而是分别列三次队：一次每列三人，一次每列五人，一次每列七人，然后运用孙子剩余定理算出人数。有人认为，《孙子算经》最早可能是一本给部队军官看的数学书，所以才会把作者附会成“战神”孙子。

古代中国人首先发现小数

分数到小数的转换

小数，或者说十进制小数，实际上是一种分母不明确的分数。一般来说，可以将小数理解成分母是10的整数指数幂的数的分数。小数点右面有几位数字，意味着这个小数在换算成分数时，分母有几个“0”。比如，对于“0.75”来说，变成分数时，小数点右面有两位，也就是分母有两个“0”，所以“$0.75=\frac{75}{100}$”。

秦九韶

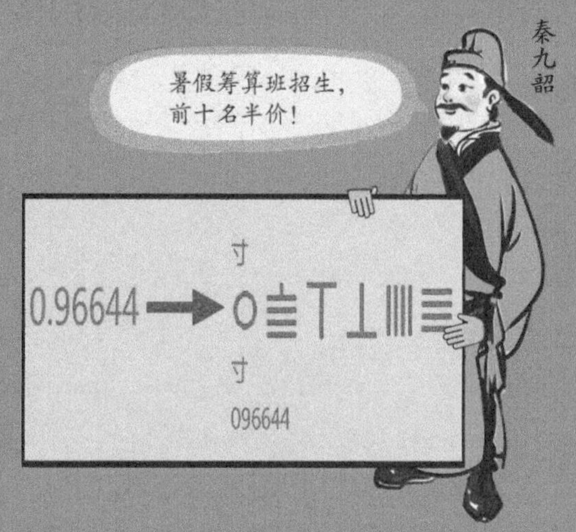

在大约公元前4世纪，古代中国人就已经在使用小数了，后来小数又传播到中东和欧洲地区。用大写汉字数字表示的小数是没有进位的，但是在筹算时用算筹表示的小数是有进位的。中文汉字中有一套小数计量单位：分、厘、毫、丝、忽、微、纤，等等，各单位分别是前一个的$\frac{1}{10}$。如“3.1416”，用汉字写作“三寸又一分四厘一毫六丝”或“三又一分四厘一毫六丝”。在南宋数学家秦九韶写的《数书九章》一书中，用算筹数字的形式表示了“0.96644”这个小数。

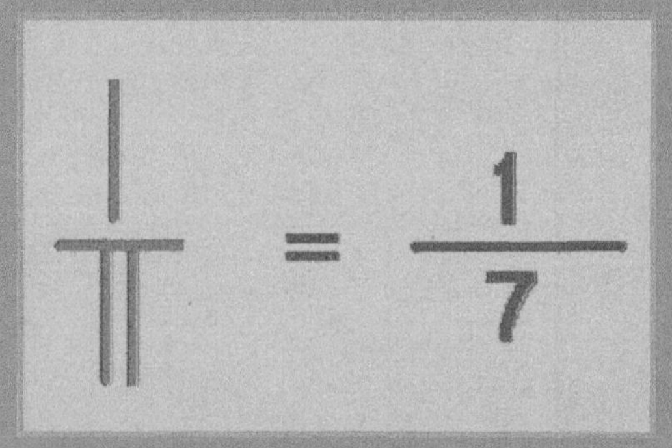

《孙子算经》中算筹数字形式的小数（左）

在《孙子算经》中，有一个地方在表达“$\frac{1}{7}$”这个数时，采用的算筹数字形式像极了现代数学体系中的写法。这种上面是分子、下面是分母和中间没有横线的小数或者说分数形式，可能对后来印度、阿拉伯数学家发明现代形式的分数产生过影响。

现代形式的小数的原始类型，是由欧洲数学家西蒙·斯泰芬（又译作西蒙·斯蒂文）发明的。

西蒙·斯泰芬

现代数字：184.54290

斯泰芬的表示法：184⓪5①4②2③9④0

代数学的创立

“代数之父”丢番图生活在罗马帝国时期的埃及亚历山大城，是希腊人中第一位懂得使用符号代数方法研究数学问题的数学家。从毕达哥拉斯开始，古希腊人多热衷于研究几何，认为只有经过几何论证的命题才是可靠的，搞得所有的数学都好像是几何的分支。丢番图把代数解放出来，使代数成为一门独立的学科。

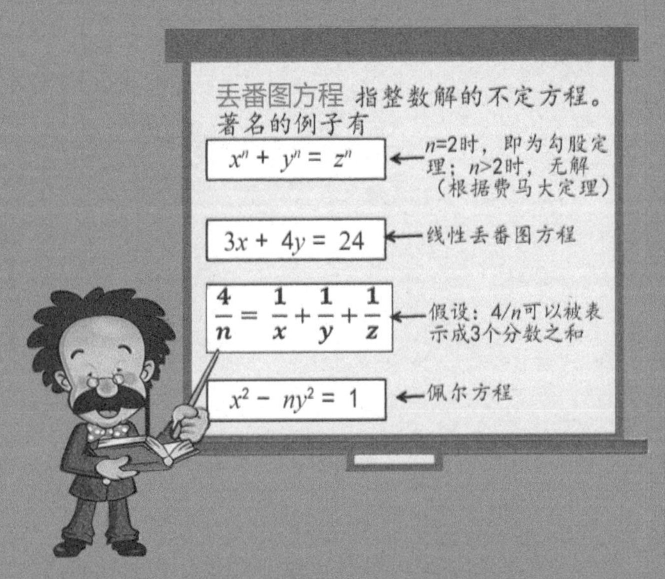

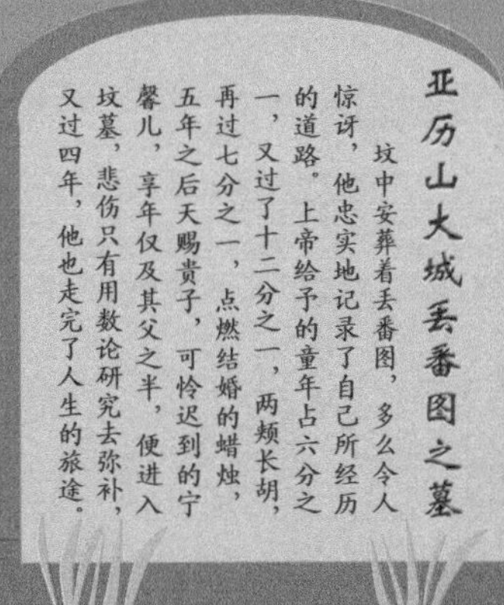

丢番图是历史上第一个研究方程的人，其著作中有很多内容都是讨论不定方程组(变量的个数多于方程的个数）或不定方程（两个变量以上）问题的。丢番图只考虑方程的正有理数解，而不定方程通常是有无穷多解的。为了纪念他，人们将只考虑整数解的不定方程叫作丢番图方程。

丢番图一生热爱数学，去世后墓碑上还刻了一道数学题向大家发起挑战。你能用方程算出丢番图到底有多大岁数吗？

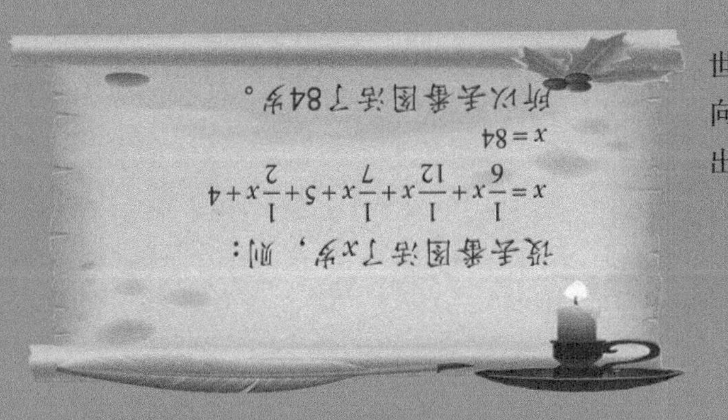

历史上第一位女数学家希帕蒂亚

希帕蒂亚

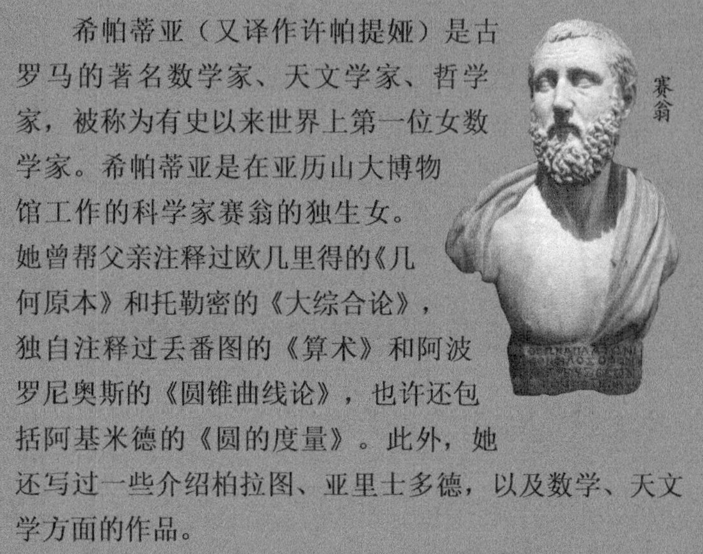

赛翁

希帕蒂亚（又译作许帕提娅）是古罗马的著名数学家、天文学家、哲学家，被称为有史以来世界上第一位女数学家。希帕蒂亚是在亚历山大博物馆工作的科学家赛翁的独生女。她曾帮父亲注释过欧几里得的《几何原本》和托勒密的《大综合论》，独自注释过丢番图的《算术》和阿波罗尼奥斯的《圆锥曲线论》，也许还包括阿基米德的《圆的度量》。此外，她还写过一些介绍柏拉图、亚里士多德，以及数学、天文学方面的作品。

希帕蒂亚很小就表现出了在数学方面的才华，赛翁也竭尽全力地培养她。10 岁左右，希帕蒂亚已掌握了相当丰富的算术和几何知识，懂得了如何利用金字塔的影长去测量其高度。

希帕蒂亚一心求学

17 岁时，希帕蒂亚在全城大辩论中指出芝诺悖论的问题所在，从此以美貌和才华闻名全城。不到 20 岁，她就几乎读完了当时古希腊人已知的所有数学家的作品。为了继续提高自己的水平，她先后到雅典、意大利求学。不管走到哪里，年轻貌美而且才华出众的她都会成为人群的焦点。但为了专心求学，希帕蒂亚拒绝了所有求爱者，而且一直都没有结婚。她说：“我只嫁给一个人，他的名字叫真理。”

普通年轻人对希帕蒂亚毫无吸引力

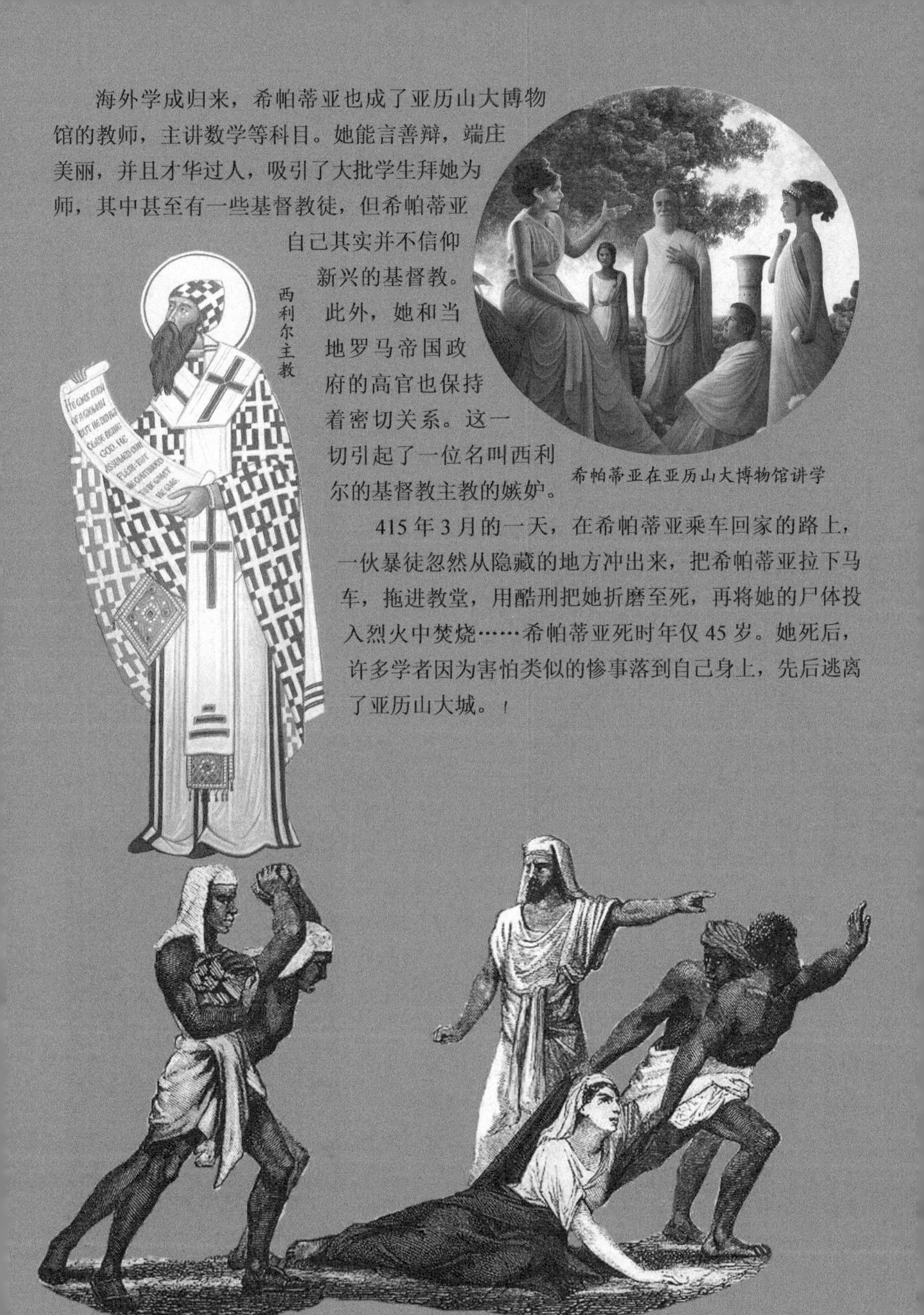

海外学成归来，希帕蒂亚也成了亚历山大博物馆的教师，主讲数学等科目。她能言善辩，端庄美丽，并且才华过人，吸引了大批学生拜她为师，其中甚至有一些基督教徒，但希帕蒂亚自己其实并不信仰新兴的基督教。此外，她和当地罗马帝国政府的高官也保持着密切关系。这一切引起了一位名叫西利尔的基督教主教的嫉妒。

西利尔主教

希帕蒂亚在亚历山大博物馆讲学

415 年 3 月的一天，在希帕蒂亚乘车回家的路上，一伙暴徒忽然从隐藏的地方冲出来，把希帕蒂亚拉下马车，拖进教堂，用酷刑把她折磨至死，再将她的尸体投入烈火中焚烧……希帕蒂亚死时年仅 45 岁。她死后，许多学者因为害怕类似的惨事落到自己身上，先后逃离了亚历山大城。

中国古代的圆周率测算

刘徽

《九章算术》——中国古代数学成果的集大成者，由历代数学家不断增补修订而成，成书于约东汉初期，现在流行的版本为魏晋时期的数学家刘徽所作的注本。

刘徽注《九章算术》

刘徽是山东邹平人，祖先很可能是汉朝的王公贵族，但刘徽本人只是一个普通人。他的主要兴趣是研究《九章算术》。《九章算术》共收录了246个问题和解法，在很多方面居于当时世界领先地位。但这本书也有缺点，就是给出的解法比较原始，而且往往缺乏必要的证明。刘徽则根据自己的研究，对原书进行了补充证明。

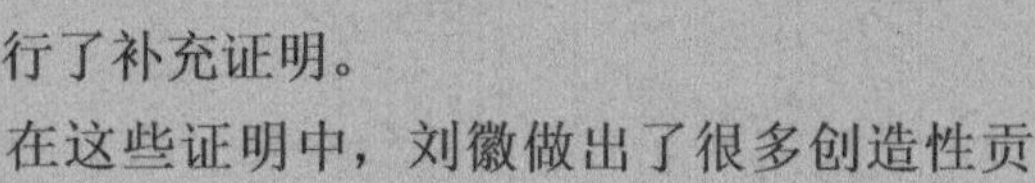

在这些证明中，刘徽做出了很多创造性贡献。他是世界上最早提出十进制小数概念的人，并用十进制小数表示了无理数的立方根。在几何方面，他提出了“割圆术”，即不断倍增圆内接正多边形的边数，以求出圆周长的方法。通过计算圆内接3072边形的方法，刘徽求出圆周率为3.1416的结果，奠定了此后千余年间中国圆周率计算在世界上的领先地位。在国外的记载中，最早把圆周率取值为3.1416的人是印度的阿耶波多，但他算出该值的时间要比刘徽晚200多年。

割圆术

《海岛算经》（原为《九章算术注》第十卷）

刘徽以后的另外一位数学家祖冲之，又在前人成就的基础上，经过刻苦钻研，求出圆周率在3.1415926与3.1415927之间。祖冲之还给出了圆周率的两个分数形式：$\frac{22}{7}$（约率）和$\frac{355}{113}$（密率）。祖冲之是如何得到这一结果的，现在已经无法考证，如果他采用刘徽的割圆术，就必须算到圆内接12288边形。这一结果，外国科学家要到1000多年以后才算得出来。为了纪念祖冲之，有人将约率称为“祖冲之圆周率”，简称“祖率”。

祖冲之纪念币

祖冲之是南北朝宋、齐年间的数学家和天文学家。祖父是朝廷中管理土木工程建设的官员，家庭中钻研学问的氛围很浓厚。他很小就开始在祖父和父亲的指导下学习数学等学科，青年时期先后在国家的学术机构和地方政府中担任过官职。

祖冲之用算筹进行演算

指南车模型

在祖冲之生活的时代，社会处在持续不断的动荡中。他提出了一些很好的改革主张，却得不到上层统治者的响应。祖冲之就尽自己的所能，在科学方面努力下功夫，希望能借此让人民的生活过得更轻松一些。他发明了很多巧妙的机械，比如指南车、千里船、漏壶（计时器）等。

用数字解读幸福

波伊提乌（又译作波埃修或波爱修）是中世纪初期的百科全书式的古罗马大学问家，在数学、文学、音乐等很多方面都有贡献，人称“古罗马最后一位哲学家”。直到文艺复兴时期，他的《算术入门》一直是欧洲学生的权威课本。

狄奥多里克大帝

波伊提乌与家人诀别

在波伊提乌生活的时代，强大的罗马帝国已成为往事云烟，罗马城和意大利本土的大部分地方处在东哥特王国统治下。东哥特国王狄奥多里克大帝很欣赏波伊提乌的才华，一度让他担任罗马执政官。波伊提乌少年得志，拥有漂亮的妻子和两个才智非凡的儿子，对东哥特国王也很忠诚，但他一心为罗马人办事，引起了东哥特人的不满，最终因被人诬陷，以叛国罪的名义被处死。

在狱中，波伊提乌开始思考自己和人类的命运，写了《哲学的慰藉》一书。在这本书里，波伊提乌借助数学理论和方法探讨了什么是幸福的问题。在他看来，万物是遵循造物主所指定的数的逻辑显现在人类面前的。最终，他得出结论：幸福是一种至善，人应该追求知识和美德，依靠内心的力量获得幸福。

《哲学的慰藉》中哲学女神为波伊提乌讲解命运之轮的运转法则

波伊提乌在狱中反思人生

印度人发明阿拉伯数字

阿拉伯数字实际上起源于印度，但因为是被阿拉伯人带到西方世界的，所以一般被叫作阿拉伯数字。阿拉伯数字的起源可追溯到公元前3世纪中期出现的印度古代婆罗米数字。

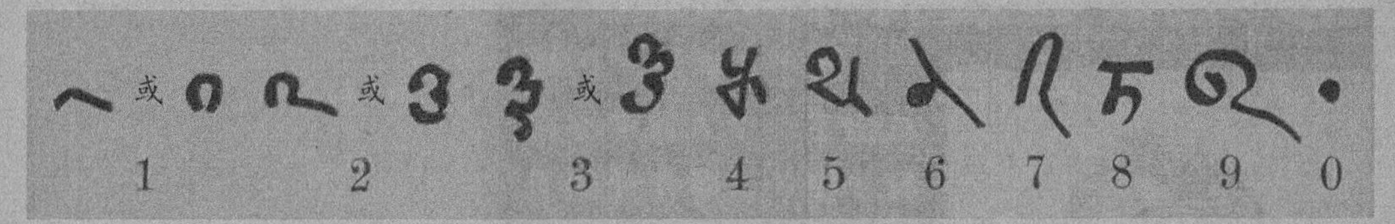

巴克沙利手稿中的数字（发现于今巴基斯坦北部巴克沙利村）

最初，印度数字也是没有位值系统的，在写多位数字时，需要在数字后面加上“千、百、万”等数位词。公元1世纪，当印度人在铺了细沙的陶片上做运算时，开始采用不在数字后面加“千、百、万”等数位词，而是将数字直接按顺序写上去的做法，而且还学会了用一个点表示“0”。在公元5世纪末的印度数学家阿耶波多的书中，首次出现了位值制，它也可以在大约同时期的巴克沙利手稿中看到。

阿耶波多

婆罗摩笈多

公元628年，数学家婆罗摩笈多第一次将“0”定义成了数字。他将“0”定义成从一个数上减去其自身的结果。不过，用点代表“0”的用法在那之后又持续了100多年。在来自克什米尔地区大约8世纪的夏拉达文中，仍旧保持着用点表示“0”的做法。到7世纪，十进制数字开始广泛出现在印度和东南亚的器物铭文中。例如，在瓜廖尔发现的公元876年的铭文中有一个“270”，跟现在的阿拉伯数字惊人的相像。

夏拉达文中的数字

阿拉伯数字传入中东和欧洲

大约公元 700 年前后，一些印度数学家因沦为阿拉伯人的战俘，被带到当时阿拉伯帝国的首都巴格达，在那里教当地人数学。印度数字及其计算方法应用起来既简单又方便，很快就被当地学者和商人接纳。

智慧宫中的阿拉伯学者在做研究

到了 9 世纪，巴格达出了一个大数学家花拉子密（又译作花剌子米、花拉子米）。花拉子密是智慧宫（类似亚历山大博物馆）的主持者。他写的《印度数字算术》（又译作《算术》）一书后来流传到欧洲，十进制的阿拉伯数字因此被传入西方。这本书的拉丁文译本书名是 *Algoritmi de numero Indorum*（一说 *Liber Algorismi*），西方文字中的 algorithm（算法）就是由此发展而来的。

花拉子密还写过一本叫 *Hisab al-jabr w'al-muqabala*（《积分和方程计算法》）的书。这本书传到欧洲后被用作大学教材（书名改为《代数学》），一直流行到 16 世纪。书名中的“al-jabr”本来是指一种解一元二次方程的方法，西方文字中的“algebra”（代数）即由此发展而来。这本书从基础层面展开论述，把代数学描述成一门可与几何学相提并论的独立学科。花拉子密因此像丢番图一样被称为“代数之父”。

15 世纪时一名欧洲人和一名阿拉伯人在一起研习几何

阿拉伯数字风靡欧洲

历史上曾有过两种阿拉伯数字：中东的阿拉伯人用的东阿拉伯数字、西班牙的阿拉伯人用的西阿拉伯数字。东阿拉伯数字和现代阿拉伯文中的数字形式很相似，西阿拉伯数字后来发展成今天世界通用的阿拉伯数字。10世纪时，曾在西班牙巴塞罗那学过数学的教皇西尔维斯特二世，曾尝试过在欧洲推广阿拉伯数字。

教皇西尔维斯特二世

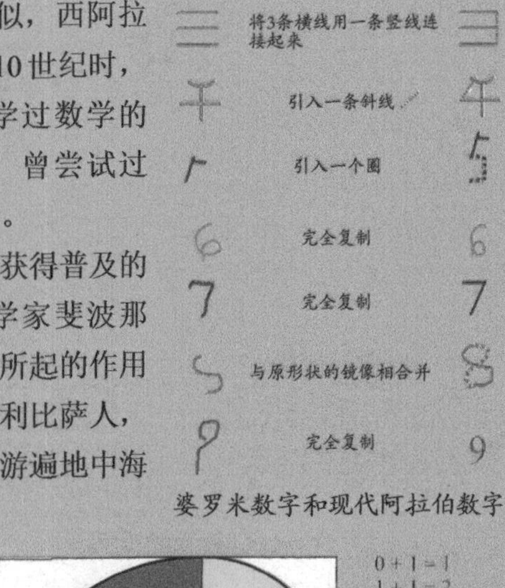

婆罗米数字和现代阿拉伯数字

阿拉伯数字在欧洲获得普及的过程中，13世纪的数学家斐波那契（又译作斐波纳奇）所起的作用最大。斐波那契是意大利比萨人，年轻时随做生意的父亲游遍地中海沿岸各国，跟阿拉伯人学习过数学，回国后写成《算盘书》这本书。《算盘书》系统介绍了阿拉伯数字系统，影响并改变了欧洲数学的面貌。从此，普通欧洲人也开始用上了阿拉伯数字。阿拉伯数字在中国元朝时由穆斯林传入。

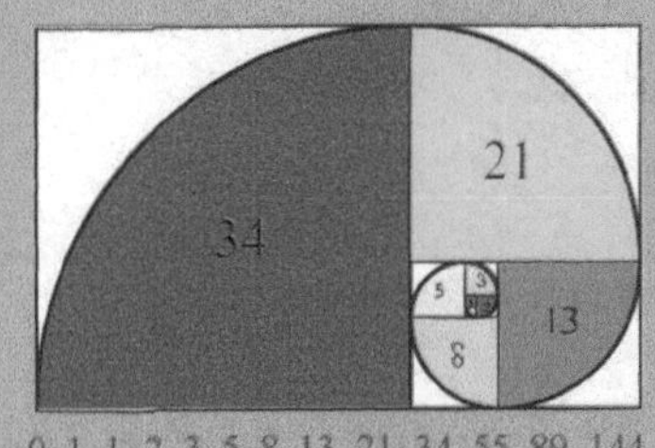

0, 1, 1, 2, 3, 5, 8, 13, 21, 34, 55, 89, 144...

0 + 1 = 1
1 + 1 = 2
2 + 1 = 3
3 + 2 = 5
5 + 3 = 8
8 + 5 = 13
13 + 8 = 21
21 + 13 = 34
34 + 21 = 55
55 + 34 = 89
89 + 55 = 144

斐波那契数列

斐波那契

作为数学家，斐波那契还有一个重要成就，就是发现了斐波那契数列（又称黄金分割数列）。在这个数列中，从第2项开始（第0项是0，第1项是第1个1），每一项都等于前两项之和，当项数趋于无穷大时，前一项与后一项的比值越来越逼近黄金分割比。斐波那契数列有很多实例，比如松果、凤梨表皮的螺旋图案，树叶的排列，某些花朵的花瓣数、蜂巢……

分数表示法的发展变迁

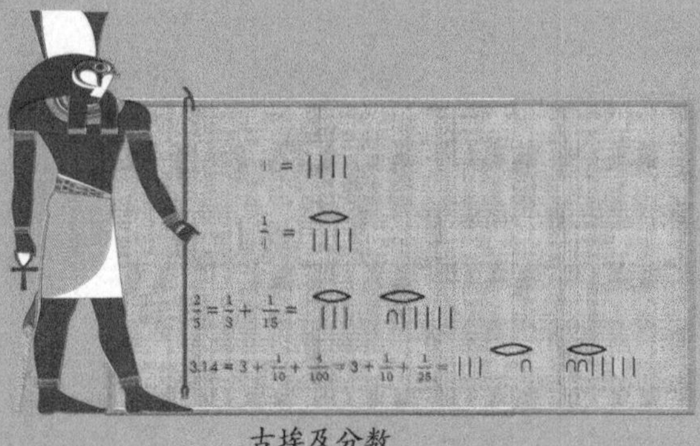

古埃及分数

古埃及人在大约4000年前就已经会使用分数了。在古埃及的《莱因德纸草书》上，我们可以看到这种最古老的分数。古埃及人使用的分数是单分数，也就是分子都是1的分数，比如$\frac{1}{2}$、$\frac{1}{3}$、$\frac{1}{4}$等。

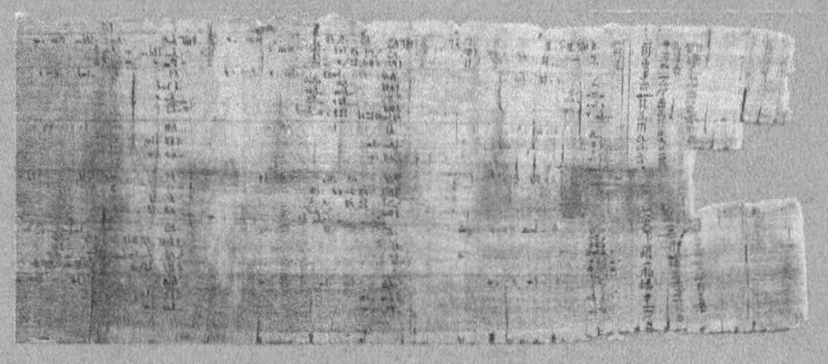
《莱因德纸草书》的部分页面

古埃及人不会写$\frac{2}{3}$、$\frac{5}{8}$这类分子不是1的分数。非用不可的时候，他们用单分数和的形式来表示。比如，用$\frac{1}{3}+\frac{1}{15}$代替$\frac{2}{5}$。这种单分数和形式的分数被称为埃及分数，直到今天仍有应用。比如，8个朋友平分5个面包，用除法、小数都没法准确地分。但是，按照埃及分数，由于$\frac{5}{8}=\frac{1}{2}+\frac{1}{8}$，所以每个人可以拿半个再加$\frac{1}{8}$个面包。

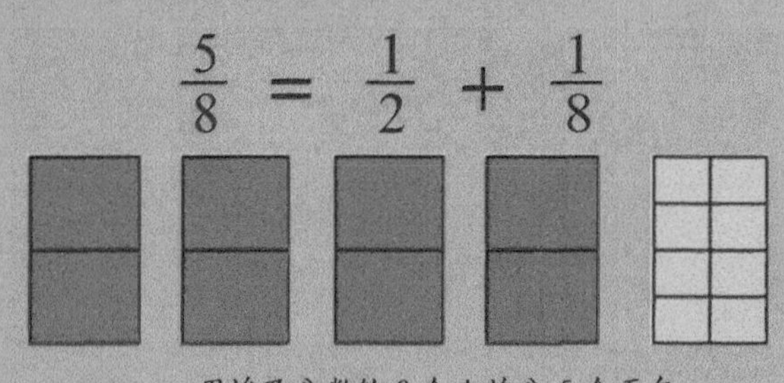

用埃及分数给8个人均分5个面包

古埃及人还用一套被称为“荷鲁斯（又译作何露斯）之眼”的符号来表示分数。荷鲁斯是古埃及神话中法老的守护神。他的父亲俄塞里斯被叔叔塞特杀死并夺走王位。荷鲁斯就去找塞特算账，但是在打斗中被塞特抠出了左眼。塞特把这只眼睛切成碎片。智慧之神透特收集了这些碎片，把眼睛恢复原状。后来，埃及人就用“荷鲁斯之眼”的不同部分来代表分数。

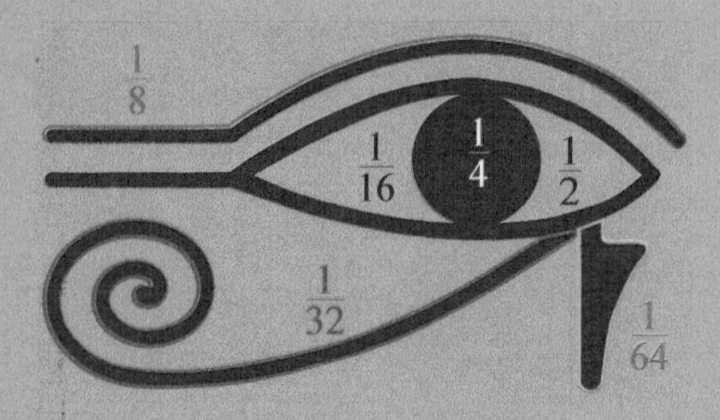

“荷鲁斯之眼”所表示的分数

智慧之神透特修复“荷鲁斯之眼”

古代中国人很早就会用分数了。据《左传》记载，周朝政府规定：最大诸侯、中等诸侯、最小诸侯的都城大小，分别不可超过周文王国都大小的$\frac{1}{3}$、$\frac{1}{5}$和$\frac{1}{9}$。

古代中国数学家正在进行筹算

7世纪，印度数学家婆什迦罗第一这样记分数，它们相当于现代分数的$6\frac{1}{4}$、$1\frac{1}{4}$和$2-\frac{1}{9}$（即$1\frac{8}{9}$）

古代中国人用两种方法记分数：一种是“几分之几”的汉字表示法，另一种是用算筹数字来表示。根据《孙子算经》的推测，真分数的记法应该分两行，分子在上，分母在下。假分数的记法应该分3行，第一行是整数部分。按这种方式书写的分数自然而然地被理解成两个整数相除的商。这种观念正是现代分数概念的基础。可能是由于分数计数法比较合宜，古代中国人在掌握分数运算法则方面世界领先。在大约公元1世纪成书的《九章算术》中，收入了完整的分数运算法则。这些法则，印度人要在7世纪，欧洲人要在15世纪才掌握。

阿尔－哈萨尔摘取了分数线发明人的桂冠

在公元5世纪，印度出现了分子在上、分母在下的分数写法，但是在分子和分母中间还没有横线。

后来，阿拉伯人学到了印度人的分数知识。在大约12世纪后期，在摩洛哥数学家阿尔-哈萨尔的书里，首次出现用一条短横线把分数的分子、分母分隔开来的做法。这是世界上最早的分数线。13世纪初，意大利数学家斐波那契将阿拉伯数字引入欧洲，同时也把分数表示法引入欧洲。

阿尔－哈萨尔正在研究数学

第一个用数学归纳法证明的人

最简单和常见的数学归纳法是证明当n等于任意一个自然数时某命题成立。

证明分下面两步。

1.证明当$n=1$时命题成立。

2.证明如果在$n=m$时命题成立，那么可以推导出在$n=m+1$时命题也成立。（m代表任意自然数）

数学归纳法是一种数学证明方法，通常用于证明某个给定命题在整个（或者局部）自然数范围内成立，在数学和经济学中都有很多应用。数学归纳法原理：首先证明在某个起点值时命题成立，然后证明从一个值到下一个值的过程有效，当这两点都已经被证明，那么任意值的成立都可以通过反复使用这种方法推导出来。这种方法类似你有一列多米诺骨牌，如果可以证明第一张骨牌会倒，再证明只要任意一张骨牌倒了，那么与其相邻的下一张骨牌也会倒，就可以判断所有的骨牌都会倒下。

多米诺骨牌效应很像数学归纳法的原理

阿尔-卡拉吉

历史上第一个采用数学归纳法证明的人，是10世纪的波斯数学家阿尔-卡拉吉。在数学领域，阿尔-卡拉吉做出了很多贡献。用数学归纳法证明了二项式定理，这是他最重要的成绩之一。二项式定理描述了二项式的幂的代数展开。按照该定理，两个数之和的整数次幂$(a+b)^n$可以展开为类似za^xb^y项之和的恒等式，其中x、y均为非负整数，且$x+y=n$，系数z是依赖于n和x的正整数。

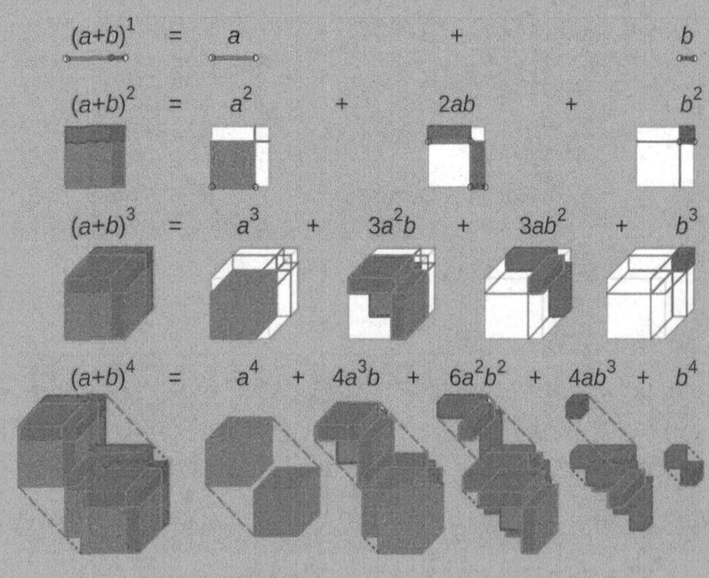

二项式定理的一些具体形式

阿尔-卡拉吉生于今伊朗境内，但是一生的绝大部分时间生活在今伊拉克的巴格达城。他还是一位工程师，有着丰富的地质、水利和工程学知识，通晓如何在干旱地区利用水资源的技术。

阿尔哈曾建立代数和几何之间的联系

阿尔哈曾（又译作伊本·海赛木或海桑）是中世纪阿拉伯地区最重要的科学家之一。他本来是波斯巴士拉的一个官员，喜欢在业余时间研究科学。他曾提出一个在尼罗河上建大坝的计划，以一劳永逸地解决尼罗河流域的洪水和干旱问题。

阿尔哈曾

当时阿拔期王朝的统治者阿尔–哈基姆（又译作阿尔 - 哈基木、阿尔 - 哈希姆）听说了这个计划，就聘请阿尔哈曾去做这个事。在大约公元 1000 年，阿尔哈曾来到开罗。他实际研究了一番，发现要治理尼罗河，自己确实还是水平不够。阿尔–哈基姆是一个暴君，可不是好惹的。他聘用阿尔哈曾时提出来，如果不能按时完成计划，就要用一种酷刑处死阿尔哈曾。在这种情况下，阿尔哈曾眉头一皱，计上心来，开始装疯卖傻。谁还能跟这种人计较呢？他因此逃过了惩罚。

阿尔哈曾讲解自己的计划

在装疯卖傻期间，阿尔哈曾无事可做，愣是把自己折腾成了一个多产的科学家。他一生一共写了 200 多本书。阿尔哈曾最喜欢研究光学，这方面的成就也最大。人类掌握现代摄影术的原理，学会磨眼镜片，造显微镜、望远镜，都受益于他的研究成果。

在深入探索光学的过程中，他发现了很多有趣的数学规律。他提出了著名的“阿尔哈曾问题”：在给定发光点和眼睛位置的情况下，寻找球面镜、圆柱面镜或圆锥面镜上的反射点，这就是寻求物、像和镜的位置关系问题。这个问题现在通常被称为“阿尔哈曾台球问题”，二者的原理是一样的。阿尔哈曾运用一系列复杂的计算，解决了这个问题。在数学史上，这个问题及其算法的意义在于，通过解析几何的方式在代数和几何之间建立起联系。

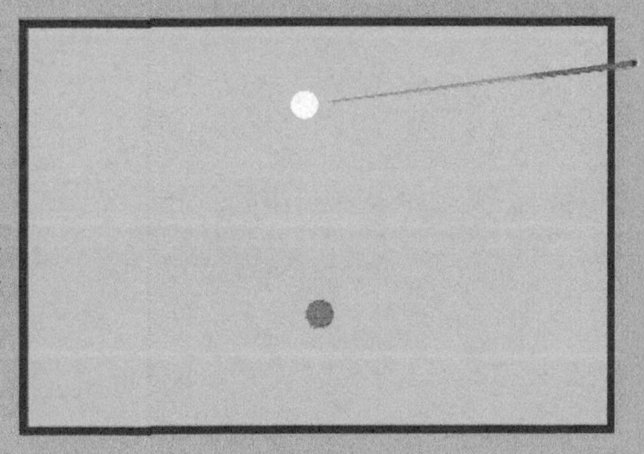

阿尔哈曾台球问题

海亚姆用几何方法解三次方程

小说家金庸的《倚天屠龙记》中讲了这样一个故事：波斯大哲野芒有3个高徒，峨默长于文学，尼若牟擅于政事，霍山武功精强。后来尼若牟青云得意，当上了教主的首相，他的两个老同学就前来投奔。霍山求为高官，而峨默不愿做官，只求一笔钱，以便自己能够安心研究天文历法，饮酒吟诗。尼若牟全都同意了。过了一段时间，霍山野心勃勃想要谋反，失败后就纠结党羽藏在深山中，组织了一个刺客组织阿萨辛派，并且派刺客刺杀了尼若牟。尼若牟临死时就吟诵了一句峨默的诗句：“来如流水兮逝如风，不知何处来兮何所终。”

海亚姆过着与世无争的学者生活

这个故事虽然很可能是虚构的，但故事中的这3个人确有其人。其中峨默的名一般译为“欧玛尔”，他的姓是海亚姆。海亚姆无心权势，一心追求知识，吟风咏月，是当时的著名数学家，而且对文学、天文学、医学等都有很深的研究。当时的塞尔柱帝国的苏丹（苏丹指统治者的称号）非常器重海亚姆，曾把修改历法的重要工作委托给他。修改历法这个事情，又要看星星，又得算周期，必须非常懂数学、天文学才行。

海亚姆在数学方面的重要成就之一是解三次方程，他给出了一种几何学的方法来解三次方程。

y
O
x

海亚姆发明了一种解三次方程 $x^3+2x=2x^2+2$ 的方法。图中双曲线和圆的交点就是解

做到伊儿汗国首相的波斯数学家

2013年2月18日，在谷歌网站阿拉伯文首页的徽标位置上，可以看到一个躬身在地上做数学题的人。他就是中世纪伊斯兰世界最著名的波斯科学家之一纳西尔丁•图西。那一天是纳西尔丁的生日。纳西尔丁是一个杰出的学者，有150多本涉及多个学科的著作，是最多产的穆斯林作者之一。

2013年2月18日的谷歌网站阿拉伯文首页徽标图

在数学方面，纳西尔丁写有《论完全四边形》，这是历史上第一本专门论述三角学的著作。书中包含有用于平面三角形的正弦定理。很多历史学家因此认为纳西尔丁是三角学的发明者。

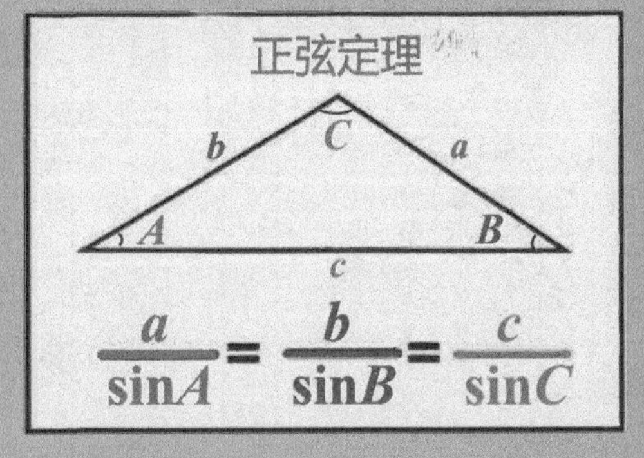

2009年阿塞拜疆发行的纳西尔丁纪念邮票，画面表现了纳西尔丁进行天文观测的场面

纳西尔丁从小就在父亲的安排下学习过诸多学科的知识。当他完成了自己的学业时，正赶上蒙古人开始向西方扩张的年代。为躲避战乱，纳西尔丁曾辗转于不同的山间城堡生活。

1256年，蒙古伊儿汗国（1258年创建）的创建者旭烈兀汗带兵攻陷阿拉木特，纳西尔丁因为学问出众，得到了旭烈兀汗的赏识，还给他委派了一个主管科学的官职。纳西尔丁在旭烈兀汗的支持下，曾经建了一个很大的天文台，在那里带着一些学者搞研究。也有人认为，纳西尔丁甚至曾经当过伊儿汗国的首相，但对于这个说法人们有一定的争议。反正不管怎么说，读书好还是挺有用的。

秦九韶编撰《数书九章》

《孙子算经》虽然给出了中国剩余定理问题的答案，但是并没有给出证明过程和详细的求解过程。定理的证明和详细求解过程，是由南宋数学家秦九韶给出的。

秦九韶（约1208—约1261）生于一个官员世家，生于四川，祖籍山东。秦九韶的青少年时代，他的父亲先是在京城临安（今杭州）做主管工程技术的官员，后来又去国史院管理图书。秦九韶因此从小就博览群书，有机会学习到各种知识。他还专门跟一个隐士学过数学。秦九韶为人聪明，文武双全，年轻时就当过民兵的头领，帮着官府平定叛乱，后来又到过全国很多地方做官。但他在哪里都干不长，和同事、老百姓搞不好关系，一心只顾敛财。

秦九韶写作《数书九章》

《四库全书》中的《数书九章》页面

在为母亲守丧期间，秦九韶在湖州完成了《数书九章》这本书。书中有两个具有世界意义的贡献：大衍求一术和正负开方术。大衍求一术彻底解答了中国剩余定理问题，在欧洲，直到18世纪，德国数学家高斯才做出类似的发现。

正负开方术又叫秦九韶程序（或算法），本质上是把一元n次多项式的求值问题转化为n个一次式的算法。这种方法大大简化了计算过程，即便是现在，利用计算机求解多项式问题时，它依然是最优的算法。19世纪初，英国数学家威廉·霍纳重新发现并证明了该算法。秦九韶的发明要比霍纳的早600年。

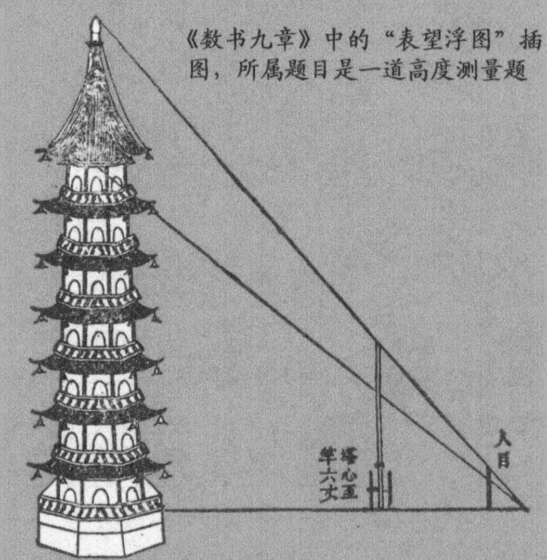

《数书九章》中的“表望浮图”插图，所属题目是一道高度测量题

古代中国人首先发现负数

在公元前 4 世纪，古代中国人就已经有了负数的观念，并且在《九章算术》中，已经通过生活实例对负数进行了明确的描述。这本书指出：如果“卖”是正，则“买”是负；如果“余钱”是正，则“不足钱”是负。后来，数学家刘徽又在对《九章算术》的注解中写道：在列方程时，如果所给的数量存在相反的意义，需要引入负数对两种数量进行区分。刘徽还给出了负数计算的法则。

古代中国人在生活中自然地产生了负数的观念

在 7 世纪，印度数学家婆罗摩笈多也在他的书里用“欠债”的概念表示了负数。9 世纪的穆斯林数学家已经对负数很熟，他们都读过印度数学家的书。

在近代以前的西方，数学家一般都排斥负数的概念。希腊的丢番图认为负数解是“假的”，有负数解的方程是荒唐的。12 到 13 世纪，斐波那契在有关钱财的计算中采用了负数，他认为负数代表了债务或者亏损。17 到 18 世纪，莱布尼茨第一个系统地把负数引入微积分运算中，他虽然用负数做计算，但认为负数是无效的。

在《九章算术》的注解中，刘徽建议用红色的算筹表示正数，用黑色的算筹表示负数。如果用同色算筹，就用正放的表示正数，斜放的表示负数。在西方，荷兰数学家吉拉德首先采取了用减号标记负数的做法。

帕斯卡三角形（又叫贾宪三角或杨辉三角）

与斐波那契数列有关的一个有趣的东西是帕斯卡三角形。事实上，帕斯卡三角形里就包含着斐波那契数列。帕斯卡三角形是一个由数字组成的三角形，对应的是二项式展开式各项系数的规律，其有很多重要的性质和应用。由于在欧洲是数学家帕斯卡系统总结了这个三角形的性质，所以国际上一般把它叫作帕斯卡三角形。

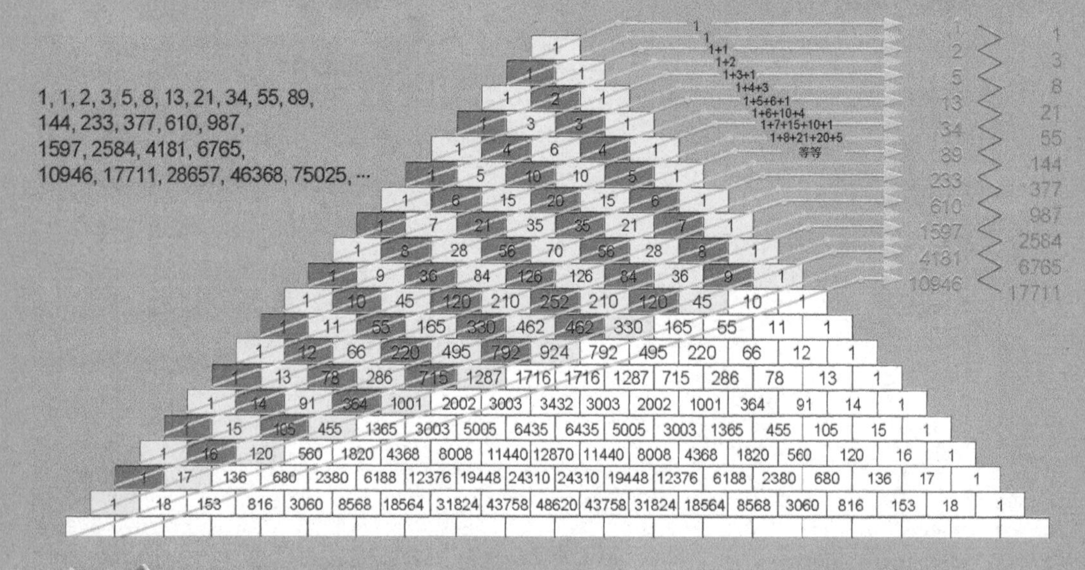

在中国，这个三角形最早是由北宋数学家贾宪发现的，叫作贾宪三角，要比帕斯卡的发现早约600年。后来南宋数学家杨辉在书中介绍过这个三角形，所以该三角形又被称为杨辉三角。

元朝数学家朱世杰进一步发展了贾宪三角，把它扩充为“古法七乘方图”。朱世杰生于燕山（今北京），曾被美国学者称为中世纪最伟大的数学家之一。他的主要成就是发现四元高次方程的解法、高阶等差级数的求和方法。他的研究成果在很多方面都领先于同时代的欧洲科学家，影响了日本、朝鲜的数学研究和发展。

朱世杰

朱世杰的《四元玉鉴》一书中的贾宪三角

为了追求更高层次的数学知识，朱世杰游遍了大江南北。他一边教人学数学，一边向数学领域的名师学习，由于行踪不定，几乎耽误了自己的婚姻。跟毕达哥拉斯一样，朱世杰后来在自己的学生中找到了人生伴侣。在游学到扬州时，朱世杰救了一个落难的姑娘。这位姑娘就跟着朱世杰学数学，一开始当他的助手，后来又成了他的夫人。

朱世杰娶妻

在欧洲推广帕斯卡三角形

书页的左下角出现了帕斯卡三角形

在欧洲，较早推广帕斯卡三角形的是德国人彼得•阿皮安（又译作彼得•阿皮亚努斯）。他生于莱斯尼希，职业是英戈尔施塔特大学教授，同时从事图书出版工作。就是在他出版的一本讲商业计算的书里，彼得收录了帕斯卡三角形。

彼得·阿皮安

彼得写作和出版了很多数学和天文学方面的书。他写的一本有关天文学和导航的书被至少用14种文字再版了32次，一直畅销到16世纪末。在他生活的时代和国家，彼得是一位非常受尊重的数学家和天文学家，曾被当时的神圣罗马帝国皇帝查理五世任命为宫廷数学家，被封为贵族。

彼得·阿皮安做天文观测

查理五世

彼得一共有14个孩子，5女9男，其中一个儿子菲利普•阿皮安也是数学家。菲利普11岁就开始在大学学数学，长大后跟父亲一样做了大学教授。根据当时的巴伐利亚公爵的命令，菲利普为公爵绘制了一份相当精确的巴伐利亚地图，并因此而闻名。

菲利普·阿皮安

为女儿写作的数学家

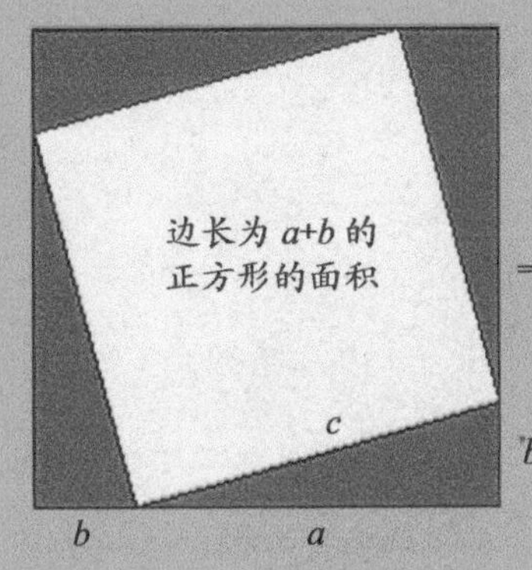

婆什迦罗第二被称为中世纪印度最伟大的数学家。他曾长期担任乌贾因天文台的领导者，传下来的主要作品有《历算书》《莉拉沃蒂》等。这些书代表了当时印度数学的最高水平。婆什迦罗第二的重要成就是证明了任何数除以 0 得的数是无穷大，而无穷大除以任何数依然是无穷大，以及给出了勾股定理的一种证明方法。

（边长为 c 的正方形的面积）+ 4（边长为 a、b、c 的直角三角形的面积）=（边长为 $(a+b)$ 的正方形的面积）

$$c^2 + 4\left(\frac{ab}{2}\right) = (a+b)^2$$

婆什迦罗第二还采用了类似微积分的方法计算出了球体的表面积和体积。他通过把球面分成小圆环或小弓形求面积和、把球体分成小棱锥求体积和的方法计算球体的表面积和体积。这要比牛顿和莱布尼茨正式发明微积分早 500 年。

莉拉沃蒂和她的丈夫

传说，婆什迦罗第二通过占星预测到女儿莉拉沃蒂的丈夫在他们婚后会早逝。为了避免这个悲剧，婆什迦罗第二就造了一个仪器测算良辰吉日，好让女婿避开会让他倒霉的结婚时间。但莉拉沃蒂很好奇，趁父亲不在时去看那个仪器，结果鼻环上的一颗珍珠掉进了仪器。这样一来，算出来的时间就没能让她的丈夫躲开灾难。为了安慰女儿，婆什迦罗第二就写了一本以女儿的名字命名的算术课本，通过教她学数学给她散心。

研究无穷大的尼古拉

库萨的尼古拉是一位德国天主教高级教士，生于德国的库萨。他曾在多所大学学习，除了精通神学，还精通数学等很多学科。在数学领域，他曾经对无穷小进行过专门研究并提出了不少论点。尼古拉论证了无穷小就是无穷大：极小的就是没有比它更小的，极大的就是没有比它更大的，极大和极小都是无穷，所以就是一回事。为解释无穷的性质，他举例说，以无穷长的直线为边的三角形与直线无区别，半径无穷大的圆周就是直线。

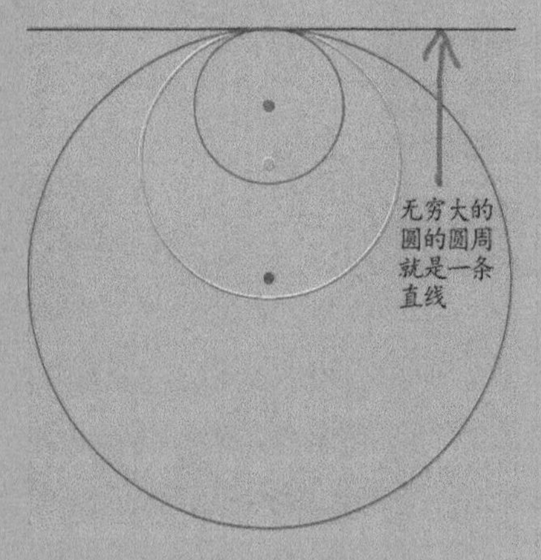

库萨的尼古拉

尼古拉提倡在自然科学与数学的研究中运用实验的方法。他在历史上第一次证明了空气有质量；是最早用现代方法观察植物生长发育过程的人，并断言植物是从空气中吸取养分的；他还参与了中欧、东欧地图的绘制，据说还做过绘制世界地图的尝试；此外，他还第一个用凹透镜制造了近视镜。

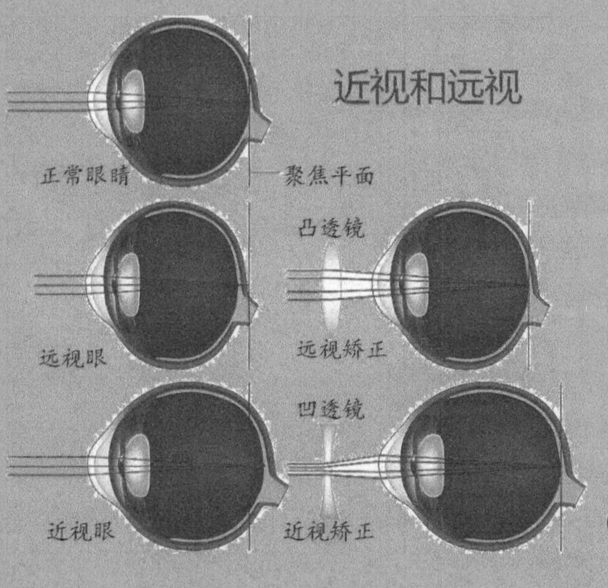

尼古拉比哥白尼早100多年提出了日心说。也正是靠着尼古拉所流传下来的地球知识，哥白尼最终提出了日心说。不过尼古拉没有为自己的看法给出证明。

玛达瓦用一种巧妙的方法计算π

对于数学家来说，能否准确计算π值绝对是衡量他们能力的重要指标。16—17 世纪时，西方最先进的计算方法是用无穷级数来计算。无穷级数是一组无穷数列的和。比起阿基米德、刘徽、祖冲之等用几何方法计算π值的数学家，会用无穷级数的数学家可以计算出更准确的结果。

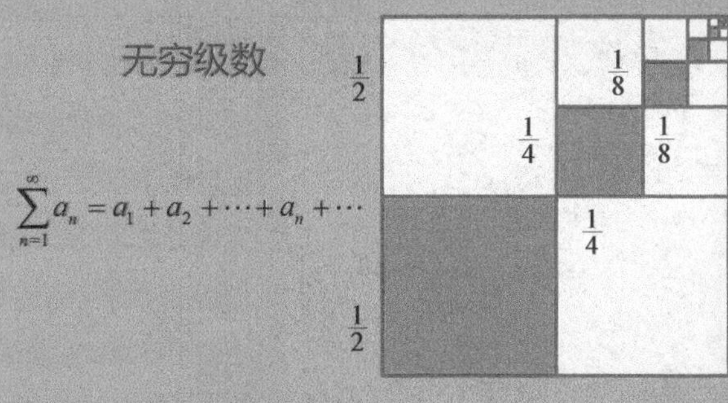

这种方法最早是由 14—15 世纪的桑加马格拉马的玛达瓦（又译作马达瓦、马德哈瓦）发现的。玛达瓦发现了把一个函数展开成无穷级数的技巧，发展了幂级数的概念，对很多级数进行了研究，还用幂级数计算了π的值。他的成就是把π计算到了 11 位。

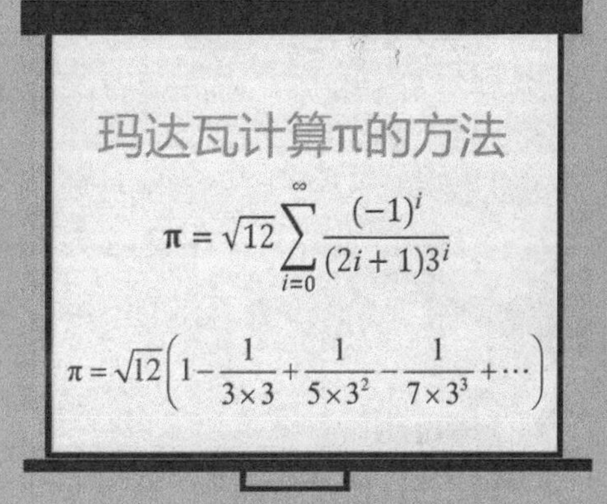

玛达瓦

玛达瓦是中世纪最伟大的数学家之一，也是一位了不起的天文学家。他还创办了喀拉拉邦的天文学和数学学院，带出了很多有水平的数学、天文学人才。除了首先开始无穷级数的研究，他实际上已经掌握了微积分的基本原理和方法。这要比牛顿、莱布尼茨早了大约 300 年。所以，尽管缺乏这方面的证据，也有历史学家认为，玛达瓦对后来欧洲人发明微积分可能是有一定影响的。

玛达瓦讲学的场面

奥雷姆发明最早的直角坐标系

表现查理五世让奥雷姆翻译亚里士多德的著作情况的绘画

14 世纪的法国国王查理五世是一位明君。他不仅领导法国人收复了很多在英法百年战争中被英国占领的土地，还热心支持科学、文学和艺术事业的发展。很多古代科学著作都是用拉丁文写成的，他就想让人把亚里士多德的书都翻译成法文，以便更多的人能够阅读。这个重大的任务交到了当时法国的一位主教奥雷姆手上。

奥雷姆出身穷苦农家，从小被送进神学院学神学。他是一个非常勤奋的人，也非常博学，对神学之外的很多学科都有研究。奥雷姆曾经在巴黎大学的一个学院做过多年的教授，后来查理五世发现他很有才，就任命他做主教，专门为自己服务。

在翻译亚里士多德著作的过程中，奥雷姆把自己搞成了一个奋起直追亚里士多德的人。在数学方面，奥雷姆最重要的贡献是建立起一种原始的直角坐标系。阿波罗尼奥斯曾经借助坐标描述过曲线。奥雷姆认同古希腊人的所有数量都可以用点线来表示的观点，建立起一种有“经度”和“纬度”（相当于 x、y 坐标轴）的直角坐标系，来分析各种数量，例如分析速度、时间和距离的关系。他的工作为笛卡儿发明平面直角坐标系奠定了基础。他还第一个使用了分数指数，同时证明了调和级数的发散性。

奥雷姆向查理五世献书

奥雷姆是第一位使用分数指数的数学家

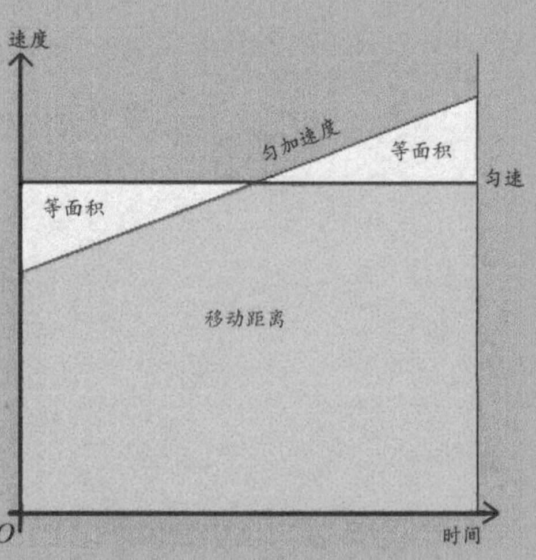

奥雷姆借助一个速度－时间曲线，用图形的形式展示了匀加速度运动物体和匀速运动物体在相同时间内移动的距离是相同的

加减号的发明和推广

加减法是一种古老的计算方法，但我们现在用的加减号是新生事物。例如，古埃及人所用的加减号是类似两条大腿形状的符号：往右走的是加号，往左走的是减号。

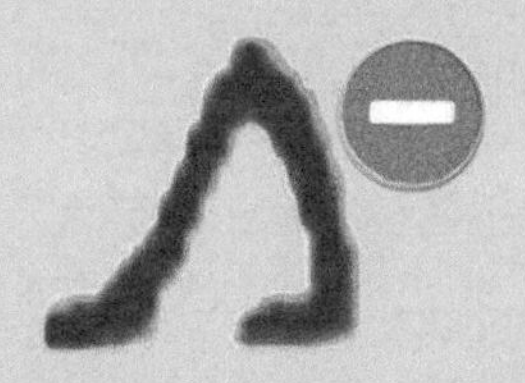

在15世纪早期的欧洲，人们通常分别用“p”和“m”代表加减号。“p”的意思是“加”(plus)，“m”的意思是“减”(minus)。在意大利数学家帕乔利出版于1494年的《算术、几何、比例与比例性大全》一书里，第一次出现了分别使用“p̄”和“m̃”代表加减号的描述。

据说，“+”可能是拉丁文“et”(和)的简写，而“−”可能是放在字母“m”上方的“~”的简写，或者就是“m”的简写。还有人认为，从前欧洲人习惯在空酒桶上画一横，如果里面装上酒，就在横上加一竖。这两种符号后来发展成了今天的加减号。

72
4 + 5 Wilt du das wyſ-
4 — 17 ſen oder deßgley-
3 + 30 chen/So ſumier
4 — 19 die zentner vnd
3 + 44 lb vnnd was auß
3 + 22 —iſt/das iſt mi-
Zentner 3 — 11 lb nus dz ſetz beſon-
3 + 50 der vnnd werden
4 — 16 4539 lb (So
3 + 44 du die zendtner
3 + 29 zů lb gemachet
3 — 12 haſt vnnd das /
3 + 9 + das iſt meer
darzů ... vnd 75 minus. Nun
... für holz abſchlahen allweeg für
... legel 24 lb. Vnd das iſt 13 mal 24.
vnd macht 312 lb darzů addier das —
das iſt 75 lb vnd werden 387. Dye ſub-
trahier von 4539. Vnd bleyben 4152
lb. Nun ſprich 100 lb das iſt ein zentner
pro 4 fl ½ wie kumen 4152 lb vnd kumt
171 fl 5 ß 4 heller Vnd iſt recht gmacht
Pfeffer

《商业速算法》一书中使用了加减号的页面

“+”第一次出现在手稿中，是在14世纪数学家奥雷姆的作品中。“+”和“−”第一次出现在印刷品中，是在1489年德国数学家魏德曼出版的《商业速算法》一书中。

1557年，雷科德通过他的作品《砺智石》把加减号引入英国时，加减号的使用在欧洲已经很普遍了。雷科德还发明了等号。

小数点的变迁

在中世纪印刷术传入西方以前，西方人表示小数时，通常的做法是在个位阿拉伯数字上方加个横杠，用这个横杠作为整数和小数部分的分隔标志。这种做法沿袭了花拉子密介绍印度数学著作中的做法。

印刷术传入西方后，排版工人在排版时，通常在整数和小数部分中间加入现成的逗号或者实心点句号，用这种方式表示小数。在英国，人们则先是用“L”形杠或竖杠，后来又流行使用句号或间隔号。在法国，为了让罗马数字的表达更清楚，早就已经开始采用句号做小数点。在其他很多国家，比如在意大利，人们用逗号表示小数点。英语国家的人采用逗号分隔3位一组的大数字，如果再用逗号表示小数点就容易把数字弄混；不过，在美国，人们采用句号作为标准小数点。也有一些国家的人采用书写位置较高的实心点或者破折号做小数点。

在2003年召开的第22届国际计量大会上，各国代表商定可以用句号也可以用逗号做小数点。同时，为了方便阅读，应将数字3位一组分开，但在组间的空位上不加入逗号或实心点。例如10亿的标准表示方法应为“1 000 000 000”。

数学家也迷信

施蒂费尔

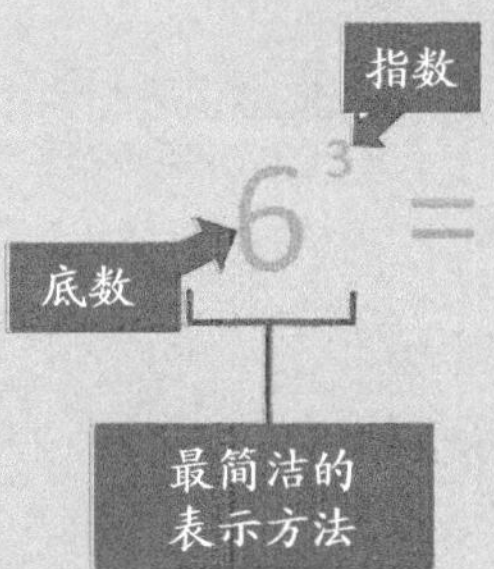

指数的发明使得一些复杂计算的表达变得更简洁。发明指数的数学家施蒂费尔本来是修道士，整天在修道院里研究有关上帝的问题。后来，由于写诗支持当时的宗教改革家马丁·路德，施蒂费尔跟修道院里的某些人发生了冲突，他只好离开原来的修道院。马丁·路德就介绍他去当牧师。

马丁·路德

施蒂费尔像

在当牧师期间，因为想搞明白《圣经》里某些神秘数字的意义，施蒂费尔开始学习数学。作为学习的结果，他曾经预言1533年10月19日8点是世界末日。结果那天什么事情也没发生。这以后，他再没做过任何预言，但仍继续研究数学，水平一天天见长。

结果后来他竟然因为数学好被任命为新成立的耶拿大学的第一位数学教授。

三次方程求解公式之争

菲奥尔 VS 塔尔塔利亚

在欧洲，16世纪的意大利人最早发现了三次方程的解法。最初，有一个叫菲奥尔的人，从别人的秘传中学会了解一些三次方程的方法，便去向数学家塔尔塔利亚挑战。塔尔塔利亚本来叫丰塔纳，小时候赶上法军入侵家乡布雷西亚，因脸部被砍伤引起口吃，所以人送外号“塔尔塔利亚”（意为“口吃者”）。他非常聪明，而且勤奋，靠自学学会了拉丁文、希腊文和数学。阿基米德和欧几里得的书的第一个意大利文译本就是他翻译的。他还是第一个用数学方法研究了炮弹发射规律的人。

塔尔塔利亚研究弹道学

在比赛中，塔尔塔利亚成功解出了菲奥尔提出的所有三次方程，菲奥尔却不能解答他提出的问题。另一位数学家卡尔达诺听说了这件事，就写信给塔尔塔利亚，求他告诉自己解法，而且发誓保守秘密。塔尔塔利亚把自己的方法写成一句诗寄给卡尔达诺。可卡尔达诺却违背了誓言，把这种方法发表在自己出版的书里。塔尔塔利亚很愤怒，他马上写了一本书，争夺这种方法的发明权，并为这个跟卡尔达诺及其支持者打了很久的口水仗。但由于卡尔达诺发布成果在先，人们一般还是把三次方程的求解公式叫作卡尔达诺公式。

卡尔达诺

三次方程

$ax^3+bx^2+cx+d=0$

卡尔达诺开创概率学

卡尔达诺是一个很博学的人，被称为文艺复兴时期百科全书式的学者，完全没必要掠夺塔尔塔利亚的成果就可以名垂青史。他年轻时当过医生、数学老师、医学院教授，职业的顶峰是当罗马教皇的御用占星家。

卡尔达诺纪念币

卡尔达诺一辈子写的文章、图书有200多种，涉及各种各样的学科。在《大术》一书中，他公布了三次和四次方程的解法，其中就包括来自塔尔塔利亚的想法，但经过他整理的卡尔达诺公式。由于这个公式是他第一个公布的，后人都管这个公式叫卡尔达诺公式。

卡尔达诺公式

$$x^3+ax^2+bx+c=0$$

被代换为 $x \rightarrow y-\frac{a}{3}$

方程变为

$$y^3+\frac{3b-a^2}{3}y+\frac{2a^3-9ab+27c}{27}=0$$

再次代换变成 $y^3+py+q=0$

解出 y 就相当于解出 x

$$y=\sqrt[3]{-\frac{q}{2}+\sqrt{\frac{q^2}{4}+\frac{p^3}{27}}}+\sqrt[3]{-\frac{q}{2}-\sqrt{\frac{q^2}{4}+\frac{p^3}{27}}}$$

（这只是其中一个根）

卡尔达诺非常喜欢赌博和打牌。他求胜心切，就用数学作为工具研究怎样才能赢钱，研究来研究去，就写成了一本书。卡尔达诺因此被认为是概率学的开山鼻祖之一。

$$概率=\frac{事件包含的基本事件个数}{所在基本空间的基本事件个数}$$

作为数学很好的占星家，他预言自己会在1576年9月21日去世，但到了那一天，他却仍然健康得很。为了保全名声，他竟然选择了自杀。

卡尔达诺纪念邮票

费拉里发现四次方程的一般解法

卡尔达诺的学生费拉里出身于博洛尼亚的贫寒家庭。在他还很小时，他的父亲就被人杀死，他只好跟着叔叔生活。他的堂哥是一个不安分的少年，一度离家出走，在米兰给人做仆人。过了一段时间，他的堂哥还是觉得在家里待着更舒服，就不告而别地离开了主人家。那个主人就给费拉里的叔叔写信，要他把自己的小仆人送回来。叔叔思前想后，结果留下了自己的儿子，把费拉里送去那家做仆人。

这一家的主人就是当时著名的数学家卡尔达诺。他发现新来的这个15岁的小伙子识文断字，就没让他做家里的粗活，而是让他给自己整理手稿。后来，卡尔达诺发现费拉里非常有才智，就开始教他学数学。费拉里非常好学，到18岁时就能给别人上课了。后来，在卡尔达诺的帮助下，费拉里接替了卡尔达诺的一个教职，成了几何老师。

四次方程对应的四次函数曲线，有4个解和3个函数值停止增加或减少的临界点

在获得了塔尔塔利亚不情不愿地告诉卡尔达诺的知识后，师徒俩在这些知识的基础上做出了一些辉煌的研究成果。他们最终将塔尔塔利亚的解法扩展到了一些特殊的情况。

费拉里则在这个过程中发现了四次方程的解法。一开始，他们没有公开研究成果，因为卡尔达诺曾向塔尔塔利亚发誓不向其他人透露三次方程的解法，而四次方程的解法又与三次方程的解法密切相关。

后来，费罗的女婿数学家纳韦告诉他们，费罗才是三次方程解法的真正最早发现者。由于这个缘故，卡尔达诺就公开了三次和四次方程的解法。塔尔塔利亚知道消息后非常愤怒，到处指责卡尔达诺背信弃义。

费拉里就写信给塔尔塔利亚，狠狠地批判了他，同时要求和他进行一场公开的辩论，来决定谁是谁非。当时费拉里只是一个无名小卒，塔尔塔利亚非常不愿意和他辩论。对他来说，赢了是以大欺小，输了那可就更加丢人了。塔尔塔利亚就回信要求卡尔达诺和自己论辩。双方相持不下，不断地来信去信，互相用最糟糕的话语攻击伤害对方。这样的口水仗进行了大约一年，也没有个结果。后来，塔尔塔利亚的老家布雷西亚有人请他去当老师，提出了一个条件，就是用和费拉里辩论来证明自己的能力。

辩论最终定在米兰一家教堂里举行。很多人在辩论的日子挤进教堂观看辩论赛。第一天辩论结束，塔尔塔利亚明显落在了下风。对于三次和四次方程，费拉里显然比他要理解得更深刻。当天晚上，塔尔塔利亚在比赛还没结束的情况下提前离开米兰，胜利因此属于了费拉里。

进行公开辩论

成了名人后，费拉里被聘请为米兰公爵的估税官。他很快就成了一个年轻的富翁。后来，他因和米兰公爵发生矛盾，搬回博洛尼亚的老家，和守寡的妹妹一起居住，同时在博洛尼亚大学做教授。不过，据说他很快就被妹妹毒死了。根据卡尔达诺的说法，那个女人继承了费拉里的全部财产，在他死后两星期就再婚了。她把所有财产都交给新丈夫管理，结果那个人很快就带着所有财产逃之夭夭。最后，她在贫困中死掉。

伽利略将数学与实验相结合

伽利略是近代意大利物理学家、天文学家。他倡导数学与实验相结合的研究方法，并使用这种方法取得了巨大的成就，是近代实验科学的奠基人之一。

伽利略的老家在比萨。在比萨大学念书时，他就是数学和物理学霸，而且特别擅长辩论。后来家里供不起他读书，他就去做家教，同时发奋自学。22 岁时他因论文《天平》引起全国学术界的注意，并被称为“当代阿基米德”。25 岁时他写了一篇研究重力的论文，又引起轰动，比萨大学为此聘他当数学教授。后来，他还在帕多瓦大学任教，当过托斯卡纳公国大公的首席宫廷数学家和哲学家。

伽利略指导威尼斯公爵使用望远镜

在帕多瓦大学当教授时，伽利略开始认同日心说。他用自制的望远镜进行天文观测，做出了很多重大发现，并著书立说宣传哥白尼的日心说。

当时的教皇乌尔班（又译作乌尔邦）八世跟伽利略本来关系挺好，但经不住很多国家的政府和一些教士反对，只好命人审判伽利略。1633 年，被抓到罗马教廷的伽利略被迫跪在石板地上，被迫在教廷写好的悔过书上签字，被判处终身监禁。1979 年，伽利略在蒙冤 300 多年后，终于得到了梵蒂冈教廷的平反。

受亚里士多德主张的影响，在伽利略之前的科学家用主观猜测的方法做研究。伽利略认为经验是知识的唯一源泉，主张用实验－数学方法研究自然规律。他深信自然之书是用数学语言写的，只有能归结为数量特征的形状、大小和速度才是物体的客观性质。

伽利略的数学与实验相结合的研究方法，一般来说分3个步骤：①先根据观察提出主观猜想，用最简单的数学形式表示出来；②从设定的数学形式推导出易用实验证实的数量关系；③通过实验来证实这种数量关系，他对自由落体匀加速运动规律的研究便是最好的说明。显然，伽利略做实验的目的不是盲目地为假设寻求证据，而是为了证明假设正确与否。

伽利略在教堂里观察钟摆的运动

伽利略在比萨斜塔上验证自由落体定律

伽利略融会贯通了数学、物理学和天文学这3门学科，总结出自由落体定律、惯性原理和伽利略相对性原理等，反驳了托勒密的地心说，有力地支持了哥白尼的日心说，为未来牛顿理论体系的建立打下了基础。

代数符号的发明

数学家韦达（又译作维埃特）因为创立了代数学的常用符号，被称为“代数符号之父”。他以律师为业，后来进入政府当议员，还给法国的两位国王当过顾问。

韦达曾凭借自己的数学才能，帮助法国国王亨利四世破译了一封写给西班牙国王的密信。西班牙人利用宗教干涉法国内政的图谋因此暴露，不得不退出法国。当时，西班牙国王不信韦达能破解写给自己的密信，竟怀疑他会用魔法。

韦达的成就跟他做事特别专注和勤奋有关。据说，韦达研究起问题来，可以三天三夜不下桌，饿了就在桌边随便吃点儿，过三天再去看他，发现他连姿势都没变。

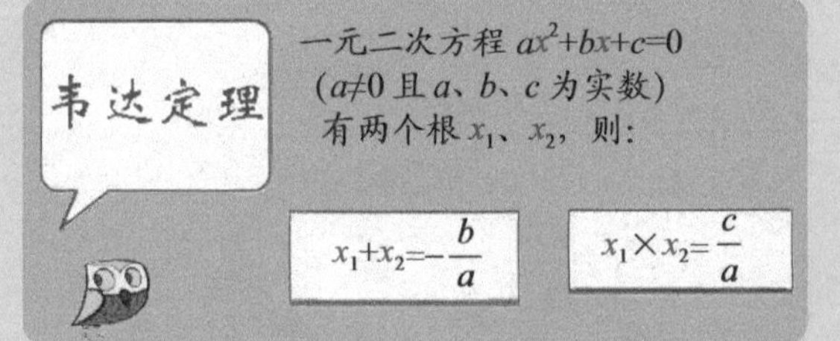

韦达纪念邮票

在《分析术引论》这本书里，韦达做了创立可通用代数符号的尝试。他引入字母来表示量，用辅音字母 B、C、D 等表示已知量，用元音字母 A（后来还用过 N）等表示未知量 x，并把用来确定数目的计算称为“数的运算”，把该书中使用字母符号进行的计算称为“类的运算”，实际上是对算术和代数进行了区分。这是历史上的一大进步。韦达用的代数符号跟现在我们所用的有一定差别，但原理都是一样的。比如大家现在用的括号，就是韦达发明的。

代数符号

符号	含义	示例
x	代表变量	如果 $2x=4$，则 $x=2$
$\equiv$	恒等	$4\equiv4$
$\sim$	近似	$18\sim17$
$<$	小于	$4<10$
$>$	大于	$7>5$
( )	圆括号	$2\times(3+4)=14$
[ ]	方括号	$[2\times(3+4)]\times2=28$
π	圆周率	$\pi=3.141592654\cdots$

复数——想象的数字

邦贝利也是一位意大利数学家。看到塔尔塔利亚和卡尔达诺因为三次方程的解法打得不可开交，他就有站出来想拉架的冲动。他拉架的方法很特别，是写了《代数学》一书，用于汇总说明当时代数学的全部成果。他觉得卡尔达诺是当时最厉害的数学家，但是又不完全同意在某些书里卡尔达诺的看法。

这本书不错！

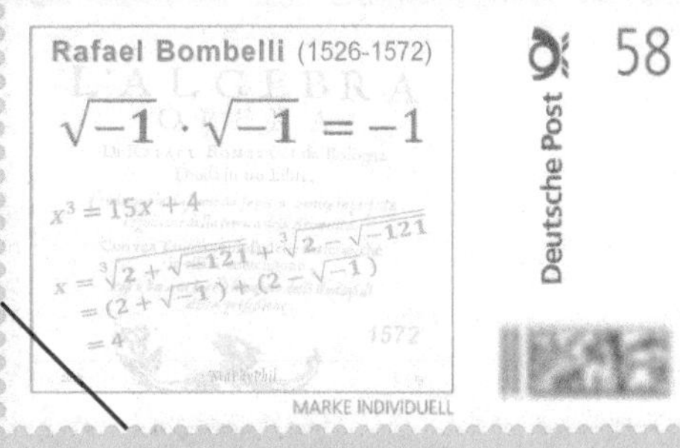

邦贝利纪念邮票

《代数学》这本书里有很多独创性的发明和发现，曾经受到过莱布尼茨的热烈赞扬，其中的最大成果就是发明了复数。发明复数是为了定义虚数。虚数的英文是

复数

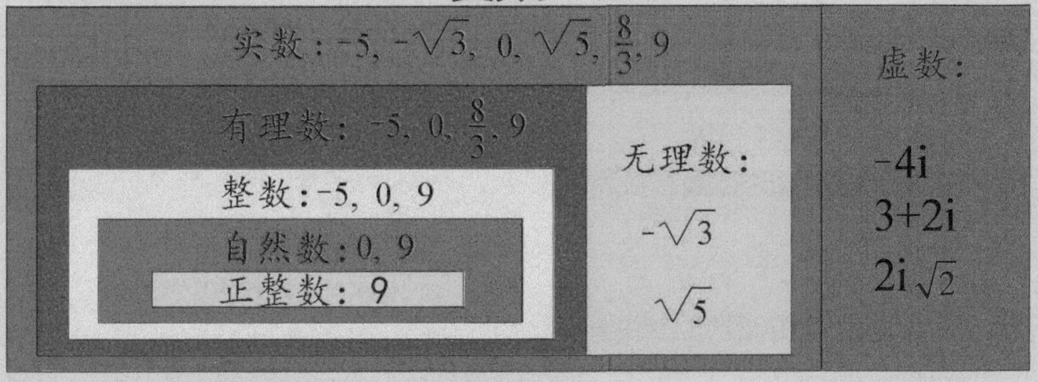

“imaginary number”，直译的话就是“想象的数字”，这个词是笛卡儿发明的。虚数是解方程解出来的。如果被开方数不是负数，方程就有解，但如果被开方数是负数呢？卡尔达诺曾经在他的书里提到过虚数。

但在邦贝利之前没有任何人想到过用引入复数概念的方法“招安”虚数，并制定复数的运算法则，也没有人相信能用虚数算出什么有用的结果来。在现代，虚数是微晶片（集成电路）设计和数字压缩算法的重要工具，还是量子力学的理论基础。

省时间就得靠对数

对数到底是什么？真有这么厉害？近代以来，随着天文、航海事业的快速发展，计算问题变得越来越复杂困难，人们被逼无奈，开始寻找简化计算的方法。

纳皮尔

英国人纳皮尔（又译为内皮尔）是一个富有的地主，一辈子没工作过，就是喜欢研究数学和天文学。他不仅掌握、公布了对数的基本原理，还首创了“对数”（logarithm）这一术语。此外，他还用了整整 20 年时间，计算并编制了第一张对数表。

对　数

对数和指数是一对“冤家”。

如果a的x次方等于N（a>0，且a不等于1），那么数x叫作以a为底的N的对数。

指数　　对数

$2^3 = 8$（3：指数；2：底数；8：幂）　　$\log_2 8 = 3$（3：对数；2：底数；8：真数）

对数和指数是互逆的。

$a^x = N$　　$\log_a N = x$

西班牙派无敌舰队攻击英国时，纳皮尔努力研究各种武器，要跟西班牙人决战到底。后来西班牙舰队在半路上就被英国海军打散了，纳皮尔也因此出名。

纳皮尔的朋友英国数学家布里格斯建议他，把对数的底改为 10，这样方便计算。可纳皮尔来不及采纳这个英明的建议就去世了。布里格斯就接着对以 10 为底的对数（今天被称为常用对数）进行研究，以毕生的精力编出了以 10 为底的 14 位对数表。

2	Logarithmi.		Logarithmi.
1	00000,00000,00000	34	15314,78917,04226
2	03010,29995,66398	35	15440,68044,35028
3	04771,21254,71966	36	15563,02500,76729
4	06020,59991,32796	37	15682,01724,06700
5	06989,70004,33602	38	15797,83596,61681
6	07781,51250,38364	39	15910,64607,02650
7	08450,98040,01426	40	16020,59991,32796
8	09030,89986,99194	41	16127,83856,71974
9	09542,42509,43932	2	16232,49290,39790
10	10000,00000,00000	43	16334,68455,57959
11	10413,92685,15823	4	16434,52676,48619
12	10791,81246,04762	45	16532,12513,77534
13	11139,43352,30684	6	16627,57831,68157
14	11461,28035,67824	47	16720,97857,93572
15	11760,91259,05568	8	16812,41237,37559
16	12041,19982,65592	49	16901,96080,,02851
17	12304,48921,37827	50	16989,70004,33602
18	12552,72505,10331	51	17075,70176,09794
19	12787,53600,95283	2	17160,03343,63480
20	13010,29995,66398	53	17242,75869,60079
21	13222,19294,73392	4	17323,93759,82297
22	13424,22680,82221	55	17403,62689,49424
23	13617,27836,01759	6	17481,88027,00620
24	13802,11241,71161	57	17558,74855,67249
25	13979,40008,67204	8	17634,27993,56294
26	14149,73347,97082	59	17708,52011,64214
27	14313,63764,15899	60	17781,51250,38364
28	14471,58031,34222	61	17853,29835,01077
29	14623,97997,89896	2	17923,91689,49825
30	14771,21254,71966	63	17993,40549,45358
31	14913,61693,83427	4	18061,79973,98389
32	15051,49978,31991	65	18129,13356,64286
33	15185,13939,87789	6	18195,43935,54187
34	15314,78917,04226	67	18260,74802,70083

纳皮尔的对数表

瑞士人比尔奇（又译作比尔吉）是个制造钟表和天文仪器的能工巧匠，完全靠自学成才。他的一个雇主甚至赞美他是“阿基米德第二”。在为神圣罗马帝国皇帝鲁道夫二世服务时，他跟天文学家开普勒成了好朋友。

在帮开普勒制造天文仪器时，他们经常需要一起做大量复杂的计算，比尔奇由此开始留心研究快速计算的方法。他曾经编制出一个据说非常精确的正弦表，又在 1600 年左右发明了对数，在 1610 年写出阐释对数的专著《对数表》。

比尔奇与纳皮尔都独自发明了对数。论手稿，比尔奇早于纳皮尔；论研究的时间，纳皮尔又早于比尔奇。所以，一般学者就说他们两个都是对数的发明人。

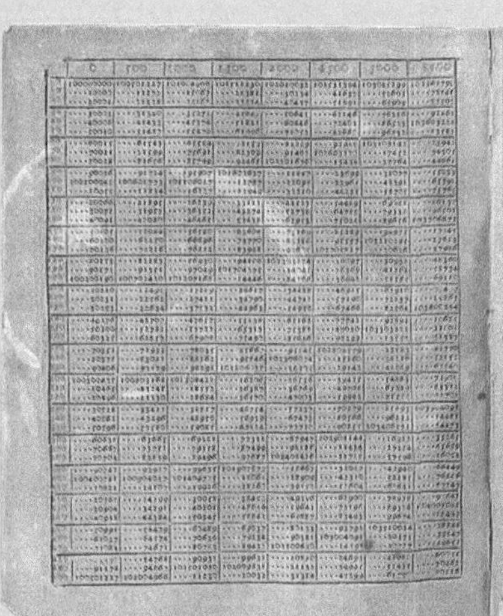

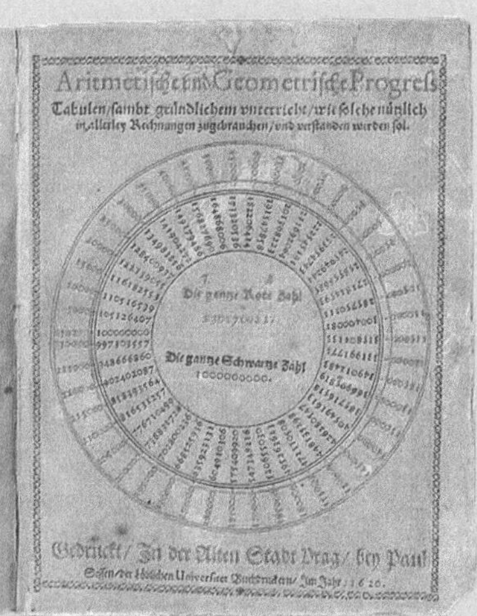

比尔奇作品中的对数表

在现代社会，尽管作为一种计算工具，对数计算尺、对数表都不再重要了，但是，对数的思想和方法仍然非常有用。

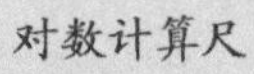

对数计算尺

开普勒提出行星运动三大定律

开普勒在天文学方面取得的成就最为知名，被称为“天空立法者”，但其实他的行星运动三大定律（也称开普勒定律）也是数学成果，需要靠复杂的数学运算并结合观测才能证明。

比如说椭圆轨道的发现。哥白尼的日心说是一个巨大进步，但他仍然认为行星只能做匀速圆周运动。在算火星轨道时，开普勒一开始也是假设火星轨道是个偏心圆。在算了很多次后，他得出一个跟天文学家第谷观测结果差不多的数据，但就是有 8′ 的黄经误差，这使得他开始怀疑圆形轨道的假设有问题。这时几何学帮了开普勒。最终，结合古希腊人对于圆锥曲线的研究，他意识到火星是以椭圆轨道运行的！果不其然，

开普勒

开普勒定律

太阳

近日点

远日点

椭圆轨道定律：
所有行星绕太阳的轨道都是椭圆，太阳在椭圆的一个焦点上。

面积定律：
行星和太阳的连线在相等的时间内扫过相等的面积。

调和定律：
所有行星绕太阳一周的恒星时间（公转周期）的二次方与它们轨道半长轴的三次方成比例。

按照这个思路算出来的轨道跟第谷的观测结果不谋而合。接着，开普勒又把这一结论推广到所有行星运动上面。

有史以来，开普勒定律第一次对行星绕太阳的运动做了一个基本完整且正确的描述。开普勒没能说明这些规律产生的原因，到 17 世纪后期才由牛顿解释清楚。牛顿说：“如果说我比别人看得更远，那是因为我站在巨人的肩膀上。”开普勒无疑是他所指的巨人之一。

开普勒还研究过针孔成像、光的折射，解释过近视和远视的成因，把伽利略望远镜改进成使用小凸透镜做目镜的开普勒望远镜。

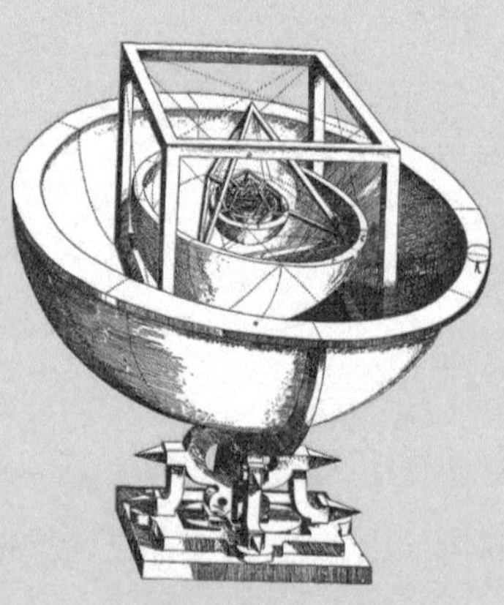

开普勒的太阳系模型

开普勒生于德国符腾堡，从小失去父亲，家里很穷。可他从小就喜欢天文学，6岁观测过彗星，9岁观测过月食。成年后，开普勒的家里生活很困难，他一共有12个孩子，可大部分都被饿死了。

尽管生活如此困难，但开普勒始终没有放弃对数学和天文学的追求。在蒂宾根（又译作杜宾根或图宾根）大学读神学时，受老师麦斯特林影响，他接受了哥白尼的日心说。

毕业后，开普勒去奥地利当了一名中学教师。在此期间，他把自己写的书寄给了一些著名科学家。丹麦天文学家第谷很欣赏开普勒的才华，邀请他去布拉格给自己当助手。第谷去世后，开普勒就接替第谷继续做丹麦国王的御用数学家。但当时正赶上动乱，所以工资经常被拖欠不发。

第谷是当时在天文观测方面水平最高、最认真的天文学家，他去世后把自己的全部观测材料都留给了开普勒。开普勒的伟大发现就是建立在第谷的观测数据上的。

第谷和开普勒在一起搞研究

笛卡儿发明平面直角坐标系

解析几何是一种借助于坐标系，用代数方法进行几何图形研究的几何学分支。历史上第一个尝试把代数方法和几何方法结合到一起使用的人是波斯数学家海亚姆，他曾经用几何方法解过三次方程。他还是一位诗人，以诗集《鲁拜集》闻名。海亚姆一辈子没结婚。

笛卡儿

解析几何又叫笛卡儿几何，这是因为第一个建立起系统解析几何理论的人是法国数学家笛卡儿。笛卡儿之所以创立解析几何，是因为他觉得几何和代数都各自有一些缺点，不能满足研究科学的需要。但要做一件开天辟地的事，哪儿有那么容易？传说，有一天笛卡儿生病在床，没法看书研究，但大脑里仍旧思考着应该如何建立解析几何的事。这时，窗外的蜘蛛网上，一只忙碌的蜘蛛引起了他的注意。处在不同位置的蜘蛛，跟网边间隔的网格数始终是不同的。能不能建立一个类似蜘蛛网的东西，用来标识几何图形的数量呢？这个想法一旦产生，建立解析几何的关键——直角坐标系就诞生了！

病床上的笛卡儿因无聊注意到了蜘蛛网

解析几何把自古以来就“对立”的数和形统一起来，是一种重要的数学方法，为后来微积分的建立创造了条件。

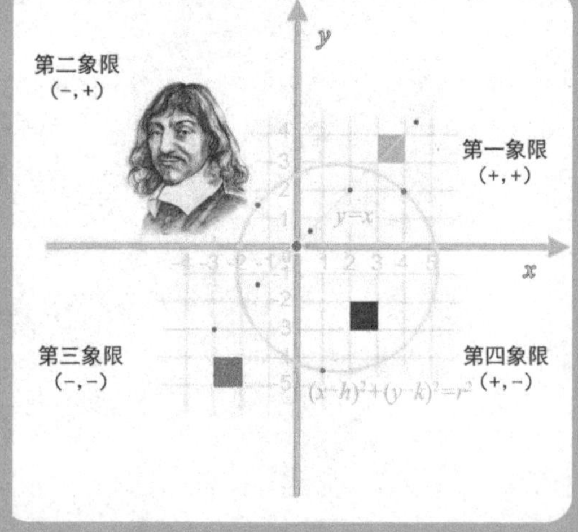

笛卡儿的名言是“我思故我在”“怀疑一切”。他是西方现代哲学的奠基人。他认为人可以用数学方法（也就是理性）来认识世界。这种强调理性、否定感性的思维方法可能跟他不幸的童年生活有关。

笛卡儿生于法国的图赖讷。他的母亲在他 1 岁时因肺结核去世，父亲再婚后将他留给外祖母抚养，他因此而变得孤僻和热爱思考。成年后，他长期住在荷兰，在那里完成了自己的大部分著作。

跟海亚姆一样，笛卡儿也是终身未婚。传说，笛卡儿在瑞典时曾跟当时 18 岁的瑞典公主克里斯蒂娜相爱，但遭到国王反对。笛卡儿只好返回法国，很快就因病离开人世。去世前他给公主寄去一封信，信中只有一个方程：$r=a(1-\sin\theta)$。这个方程代表的就是所谓心形曲线。用这种方法，笛卡儿表达了自己对公主的爱。

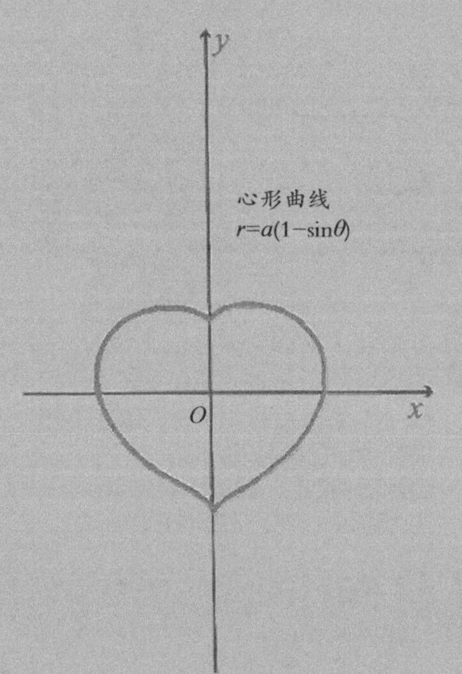

可惜这并不是真的。历史上，笛卡儿给克里斯蒂娜做家教时，她已经是瑞典女王。克里斯蒂娜特别不怕冷，每天一大早就让笛卡儿给自己讲课，而且即使在冬天也要开着窗子！笛卡儿本来就有肺结核的病根，因此被冻死在斯德哥尔摩。不过，笛卡儿去世后，女王竟然不惜放弃王位，改信了笛卡儿信仰的天主教。在当时的瑞典，当国王的人必须信仰新教。

笛卡儿为瑞典女王讲课

梅森研究素数

梅森数是指形如“2^p-1”的数，记为“M_p”。如果一个梅森数是素数，那么就可以把它称为梅森素数（Mersenne prime）。梅森数、梅森素数是用17世纪法国数学家马兰•梅森的姓命名的，他列出了$p \leqslant 257$的梅森素数，不过他在列表中错误地包括了不是梅森素数的M_{67}和M_{257}，而遗漏了M_{61}、M_{89}和M_{107}。

梅森素数自古以来就是数论研究的一项重要内容，历史上有不少大数学家都专门研究过这种素数。自古希腊以来的很长一段时间里，人们寻找梅森素数的意义似乎只是为了寻找完全数。在现代，寻找梅森素数的计算可用于帮助改进计算机性能，还能促进数论、计算数学、程序设计技术的发展。在实用方面，梅森素数可用于密码设计领域。

截至2018年12月，科学家发现的最大梅森素数是$M_{82589933}$。这是第51个梅森素数，有24862048位。

梅森素数

发现梅森素数的最简单方法是计算梅森数：

2^p-1

问题：并非所有梅森数都是梅森素数！

$3=2^2-1$
$7=2^3-1$
$15=2^4-1$
$31=2^5-1$
$63=2^6-1$

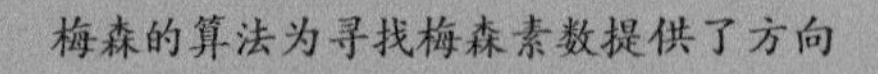
梅森的算法为寻找梅森素数提供了方向

梅森生于一个法国劳动者家庭，他从小就非常爱学习。他的父母不顾家境困难，把他送去学校念书。他和笛卡儿曾经在一个学校读书，但当时他们俩并没有成为朋友。梅森求学的最后一站是巴黎大学神学院。在那里拿到硕士学位后，他进入教会当了神父，教社区的年轻人学神学和哲学，同时自己研究数学和科学。

渐渐地，梅森成了当时欧洲学术交流圈的中心人物。经常与他保持来往或者通信的学者遍布全欧洲，甚至远到君士坦丁堡（今伊斯坦布尔）和特兰西瓦尼亚（在今罗马尼亚），其中包括伽利略、笛卡儿、费马、帕斯卡、惠更斯等历史上著名的大科学家。

梅森是 17 世纪欧洲学术交流圈的中心人物

梅森曾给过惠更斯很多鼓励和灵感。我们知道，惠更斯在研究过摆线的原理后，发明了精密摆钟。梅森也是一位摆线研究专家。惠更斯为了能经常和梅森交流，有一阵子甚至想从荷兰搬到巴黎去。梅森执意在法国出版了伽利略的作品。没有梅森的这一贡献，伽利略的思想可能不会变得像今天这样广为人知。

梅森画像

一个圆在一条直线上滚动时，圆边界上一定点所形成的轨迹就是摆线，所以摆线又叫圆滚线

梅森的最后一次出访是去看望笛卡儿。回来后他就病倒了，并且再未恢复健康。直到离世前不久，梅森仍在努力钻研科学。在遗嘱中，他甚至要求把自己的遗体用于科学研究。

费马发现解析几何的基本原理

费马被称为“业余数学家之王”，是17世纪法国水平最高的数学家。费马的最大贡献是发现了解析几何的基本原理，而且要比笛卡儿做出同样的发现早。不过，笛卡儿是从几何图形出发研究方程，费马是从方程出发研究几何图形。此外，费马对于发明微积分的贡献仅次于牛顿和莱布尼茨，是概率论的主要创始人，在数论和物理学方面也有不少成就。

谁在乎啊？“解析几何之父”就让笛卡儿去当吧！

费马出身于富裕的商人家庭。他从没受过专业的数学教育，但从小就非常喜欢数学。费马成年后在做律师的同时还担任过议员。他为人厚道，做事秉公守法，不像当时的一般官僚那样搞不正之风。就是靠着繁忙的律师工作和公务之外的点滴时间，他在数学方面取得了很多惊人的成绩。

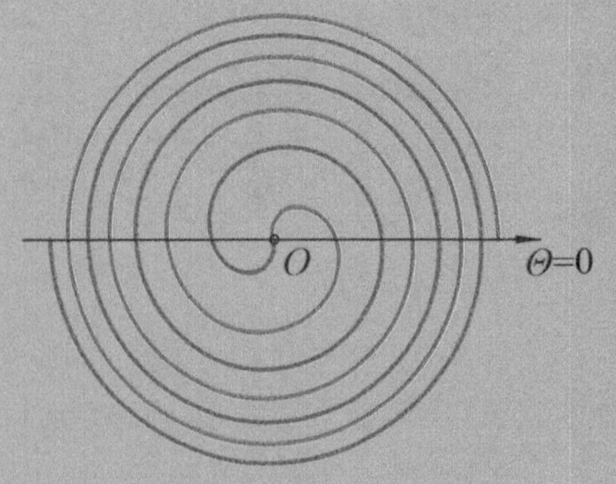

阿基米德曲线的一种特例

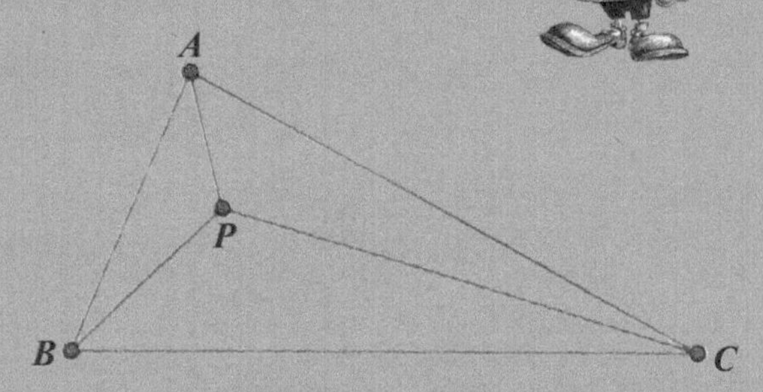

费马点：位于三角形内，且到三角形3个顶点距离之和最小的点

费马纪念币

费马去世后，他的大儿子把父亲生前写的论文和书一一发表、出版。大家这才知道费马不声不响地做出了那么多伟大的发现。

费马提出的费马大定理历经360多年才被英国数学家怀尔斯证明。法国科学院等机构和个人先后悬赏过这个定理的证明。该问题曾经被称为“最难的数学题”，一度刺激了19世纪数学的发展，吸引了无数数学爱好者进行狂热的钻研，其中德国人沃尔夫斯凯尔与费马大定理的渊源最为有趣。

费马大定理

当整数 $n>2$ 时，关于 x、y、z 的方程

$$x^n+y^n=z^n$$

除了 $xyz=0$ 的解外，没有其他的正整数解。

沃尔夫斯凯尔年轻时迷上了一位姑娘，可人家对他没有意思。沃尔夫斯凯尔因此心灰意冷，决定在某日午夜用手枪自杀。那天晚上，他早早地把遗书写好，可离计划的自杀时间还有好几小时。无聊的他走进一家图书馆，随便翻开了一本杂志，被上面的一篇研究费马大定理的文章所吸引。沃尔夫斯凯尔发现论文中有一个漏洞，就坐下来仔细分析起来。等到终于把问题搞清楚了，抬头一看，他发现时间已经过了午夜12点。

沃尔夫斯凯尔

由于刚刚纠正了一位著名数学家的漏洞，沃尔夫斯凯尔重新燃起了对生活的信心。回到住处，他撕毁了遗书，开始了新的生活。由于被费马大定理“救了一命”，1908年，他立下遗嘱，从自己的财产中拿出10万马克悬赏在此后100年间证明费马大定理的人。

帕斯卡发明第一台计算器

法国数学家帕斯卡是一个早熟的数学天才。他很小就独立发现过欧几里得的32条定理，12岁发现“三角形的内角和等于180度”，17岁写成有关圆锥曲线的文章（这是自阿波罗尼奥斯以后当时该领域的最大研究成果），不到20岁研制出一台计算器……

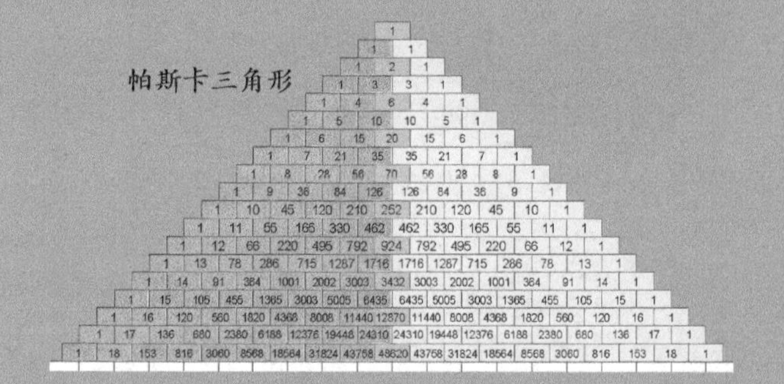

帕斯卡三角形

最奇怪的是，帕斯卡在数学方面这么厉害，竟然一天正经学没上过！帕斯卡4岁时母亲去世，就靠着父亲和两个姐姐把他拉扯长大，并且教他念书。他的老家在法国多姆山省克莱蒙-费朗城，父亲是一个政府官员，也是一个拉丁文和数学研究者。有一阵子，父亲担心帕斯卡学数学太用功影响了希腊文和拉丁文的学习，就禁止他学数学。有一天，父亲发现帕斯卡自己偷偷地用煤块当笔在地上做几何题。父亲大受感动，从此开始亲自教儿子数学。

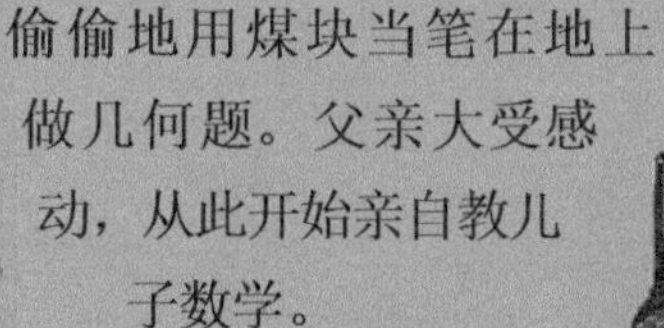

父亲发现帕斯卡偷学数学

全家旅居鲁昂期间，帕斯卡协助父亲做税务工作。为了提高工作效率，他制造了一台能自动进位的加减法计算器。这是世界上第一台数字计算器，为以后电子计算机的发明奠定了基础。

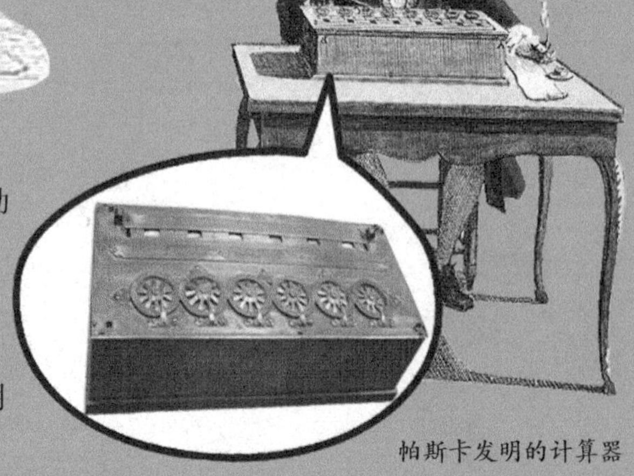

帕斯卡发明的计算器

帕斯卡是费马的好朋友，两个人经常通信讨论数学问题。有一次，他们研究一个赌徒兼哲学家在赌博时总是输钱的问题。他们的讨论奠定了现代概率论的基础。此外，帕斯卡对于摆线的研究成果，还启发过微积分的发明者之一莱布尼茨。

在数学领域以外，帕斯卡也取得了很多的研究成果，比如发现帕斯卡定律，发现大气压随着高度发生变化，指出真空的存在，改进水银（学名汞）气压计，制造水压机、注射器等。

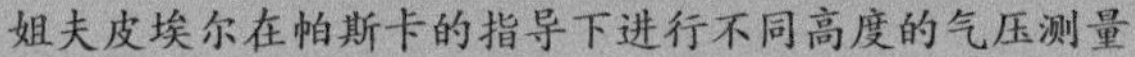
姐夫皮埃尔在帕斯卡的指导下进行不同高度的气压测量

可能是“天妒英才”吧，帕斯卡从小就体弱多病，成年后因为埋头研究，积劳成疾，年仅 39 岁就离开了人世。人们为了纪念他，将压强的单位命名为“帕斯卡”。

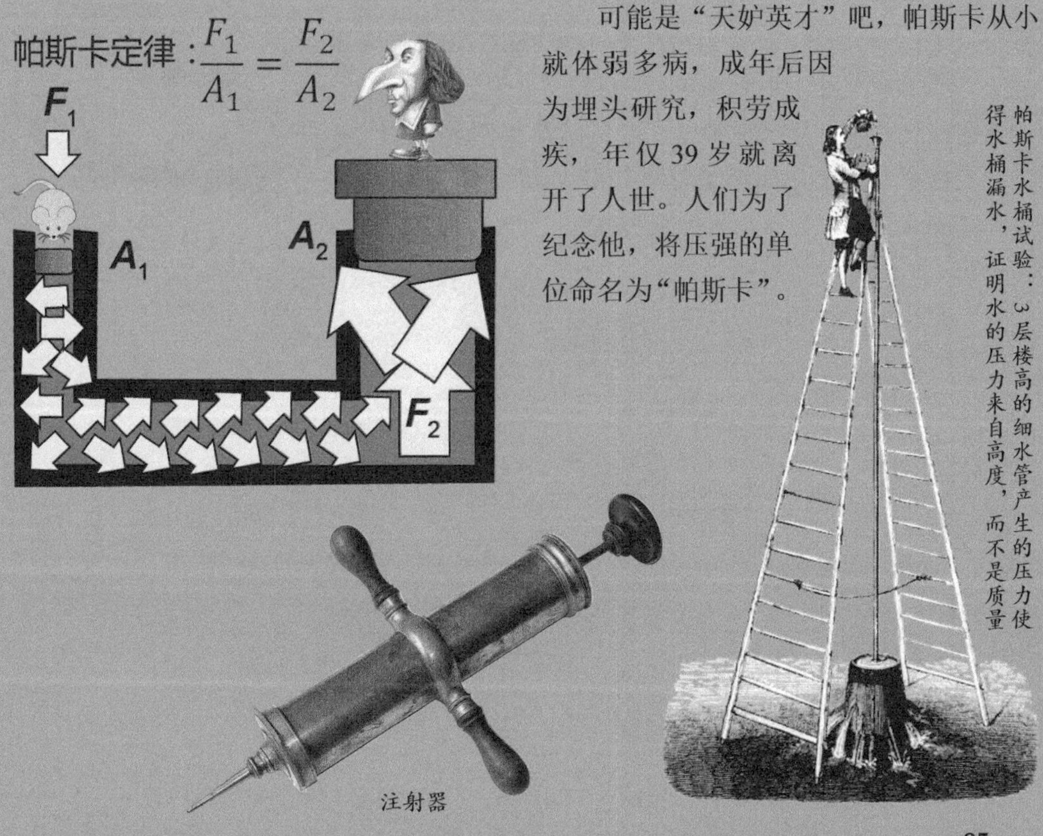

帕斯卡水桶试验：3 层楼高的细水管产生的压力使得水桶漏水，证明水的压力来自高度，而不是质量

注射器

乘号和除号的发明

乘号看起来有点像一个放歪了的加号或者十字架。这是怎么回事呀？

历史上，曾经出现过很多表示相乘的符号，但现在通用的只有两种。其中一种是居中的小圆点式乘号“•”，由英国数学家哈里奥特发明。哈里奥特在自己的书里引用了韦达提出的代数表示方法，同时对其有所改进。除了首创圆点式乘号，他还是历史上第一个使用“>”（大于号）和“<”（小于号）的人。

哈里奥特是英国牛津人，大学毕业后先后为多位贵族做家庭数学教师。他在天文学方面的贡献是第一个借助望远镜画出月球表面的地图。此外，他曾参加过到美洲的探险，回来时把土豆引入了英国。

另一种乘号“×”的发明者也是英国人，而且是一名牧师，叫作奥特雷德。他认为乘法是一种特殊的加法，就采用了斜着的加号来代表乘号，同时也是想让这种乘号能代表十字架。奥特雷德是英国基督教圣公会的牧师。此外，他还是正弦符号（sin）、余弦符号（cos）和对数计算尺的发明人。

圆形对数计算尺

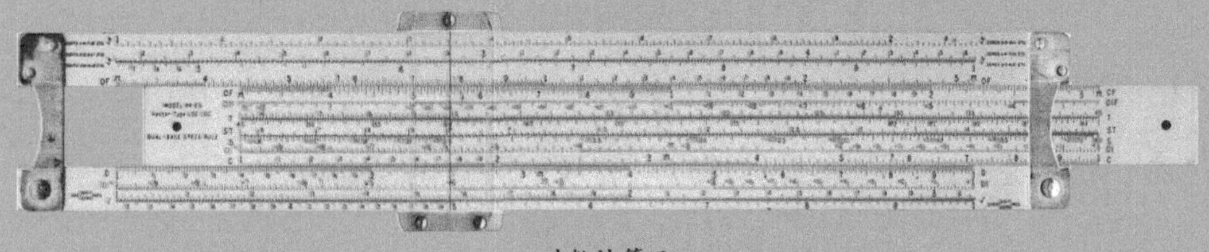

对数计算尺

现在通用的除号有3种：“—”“/”“÷”。

“—”本来是分数符号，最早是由斐波那契从花拉子密的书里学到然后

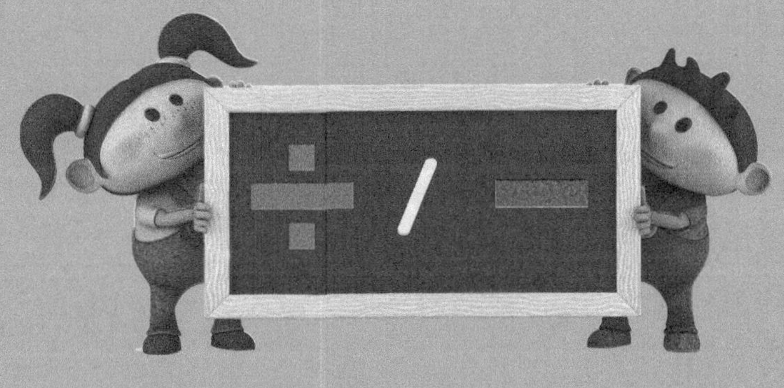

传到欧洲的。后来，英国数学家德·摩根建议在排版时把“—”排成“/”，好节省地方。分数也可以被理解成两个数相除。所以，“—”“/”也自然而然地被用作除号。

德·摩根生于印度，父亲曾当过英国的驻印军官。他在出生后一两个月时一只眼睛就失明了，10岁时父亲又去世了。母亲带着他和其他兄弟姐妹经常变换住处，所以他小时候受到的学校教育不太正规。但他跟着母亲学了很多知识，从小就热爱数学。长大后，他先是在剑桥大学读书，后来成了伦敦大学的教授。

母亲教小德·摩根读书

“—”和“：”本来都可以用来表示“比”，后来，这两者一结合，就变成了现在的“÷”。一般认为，瑞士数学家拉恩第一个将“÷”用作除号。这个符号有点象形的意思：在两个点中间放一个横杠，表示把事物均分，这正好是除法的基本含义。拉恩还是第一个使用“∴”表示“所以”的人。拉恩利用业余时间研究数学，他曾经当过苏黎世市的市长。

命运坎坷的射影几何

射影几何是数学的一个分支，专门研究空间物体在射影变换下的几何性质，在很多学科中都有广泛的应用。这门学问的创始人叫德扎格（又译作笛沙格或德萨尔格），出身于法国里昂的一个专门为国王服务的家族。作为工程师，德扎格曾参与很多政府和民间的工程建设项目。

德扎格

德扎格为黎塞留介绍工程情况

由于经常承担建筑工程的管理和设计工作，德扎格在绘制透视投影图方面非常在行。在17世纪，他的有关这方面的著作并没有产生太大的影响，反而引起一些数学界和宗教界人士的反感。不过，德扎格没有被外界的压力打倒，他继续坚持将自己的知识教授给一些年轻人。直到19世纪下半叶，他的书才被重新发掘出来，受到重视。

德扎格定理

平面上有两个三角形$\triangle ABC$、$\triangle abc$，设它们的对应顶点（A和a、B和b、C和c）的连线交于一点，这时如果对应边或其延长线相交，则这3个交点共线。

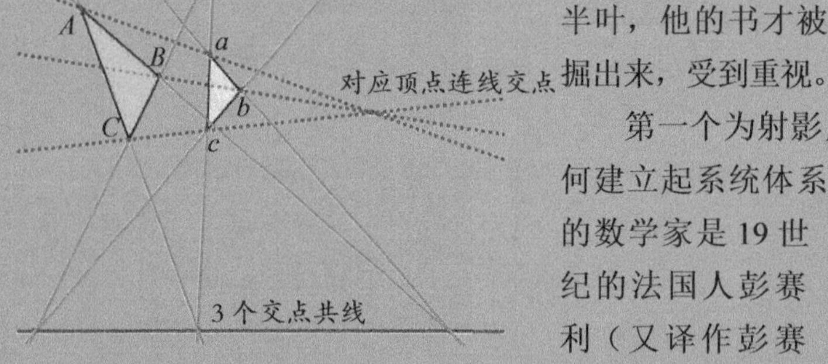

第一个为射影几何建立起系统体系的数学家是19世纪的法国人彭赛利（又译作彭赛列）。彭赛利是梅斯人，曾经跟着拿破仑远征俄国。法军战败后，他被俄国人抓住，成了俘虏，一关就是两年。在监狱里，他闲着没事，就写了一本研究射影几何的书。回国时，他还把西欧人当时已经不会用的算盘从俄国带了回去，立刻吸引了众多人的眼球。

彭赛利

跟德扎格一样，彭赛利也是一位工程师，但他的运气要好得多。他的研究成果和工作能力都受到了人们的认可，后来他甚至当上了大学校长。

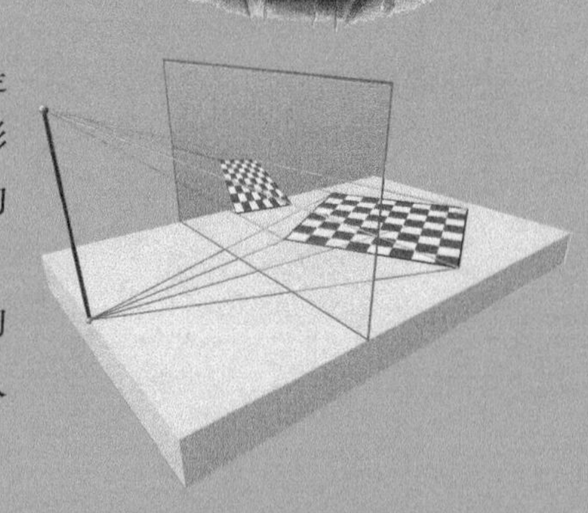

沃利斯发明无穷符号

“∞”这个符号曾经被罗马人用来表示1000，后来又被用来代表非常大的数。但使用“∞”表示无穷大，“$\frac{1}{\infty}$”表示无穷小，始于英国数学家沃利斯。

沃利斯

沃利斯是17世纪最有才华的数学家之一，据说他能心算一个53位数字的平方根，而且准确到17位，可谓计算奇才。他本来是在剑桥大学学医，据说是历史上第一个在辩论中提出血液循环理论的人。这事就发生在沃利斯在剑桥大学读书时。毕业后，他先后做过秘书、大学的研究人员。当时正赶上英国资产阶级革命，他跟议会的人走得很近，利用自己的数学知识帮助议会破译了保王党人的密码，成为有名的密码专家。

沃利斯

当时的密码术还很原始，大多数密码采用的是秘密的算法。沃利斯意识到采用可变的密钥会让密码更不容易被破解，但他不愿意公开自己的研究成果，这可能是因为他担心自己的知识被外国敌对势力所利用。比如，德国数学家莱布尼茨曾经希望沃利斯能把自己的知识教授给德国学生，沃利斯就拒绝了。

研究微积分比牛顿还早的人

格雷果里

提及微积分，我们首先想到的是牛顿和莱布尼茨，因为他们各自独立地完成了微积分的研究和创立工作。但是在此之前，詹姆斯·格雷果里已经系统地研究了微积分。格雷果里出生于苏格兰的阿伯丁郡，是著名的数学家和天文学家。可惜，格雷果里有一个不好的习惯，不喜欢把自己的发现告诉世人，所以直到去世，他的很多发现都很少有人知道。

格雷果里跟牛顿有书信来往，经常一起交流数学、天文问题。25岁时，格雷果里公布了一种反射望远镜的设计方案，但是在试图制造望远镜时遭遇失败，原因在于当时打磨透镜的技术还不成熟。而牛顿用一个稍稍不同的设计，也制造出了反射望远镜。

采用格雷果里的设计制造的反射望远镜

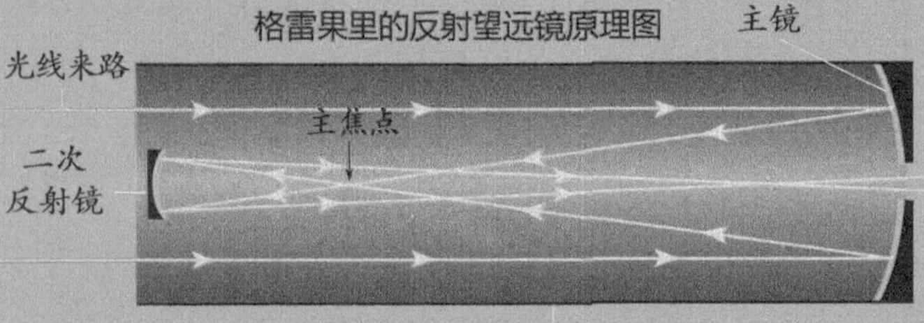

小时候，格雷果里最开始是跟着母亲学习，他对于数学的兴趣就是从那时候开始萌生的。等到大一些，他又跟着哥哥学习。最后他竟然完成了大学学业，成了很受欢迎的大学教授。格雷果里非常勤奋，据说由于长期使用有缺陷的自制望远镜做天文观测，他曾经有过短暂的失明。1675年，在跟学生一起观测木星的卫星时，他得了中风，几天后就离开了人世，不满37岁。

格雷果里在做研究

惠更斯发明精密摆钟

惠更斯生于荷兰海牙，父亲康斯坦丁是著名的诗人、画家、音乐家，还是一名外交官，家里经常有各种社会名流出入，其中就有大科学家笛卡儿。惠更斯很小就立下了要在科学方面有所成就的志向，加上聪明好学，他很小就已经精通众多学科的知识。13 岁时他就能自制车床，被父亲亲切地称为“小阿基米德”。大学毕业后，他立志从事科学研究，先后成为英国皇家学会和法国皇家学会的会员。

惠更斯

惠更斯的最大成就是借助数学方法对摆钟进行改良，制造出了当时最准确的计时工具。当时摆钟虽然已经出现，却走得不是快就是慢。惠更斯对这种现象进行了解释，并提出如果钟摆的摆动路线是摆线形（当一个圆沿一条线做纯滚动时，动圆上任意点的轨迹被称为摆线）而非圆周形时，即只在一个维度上维持摆动，那么无论摆线长短，钟摆都能保持等时性。

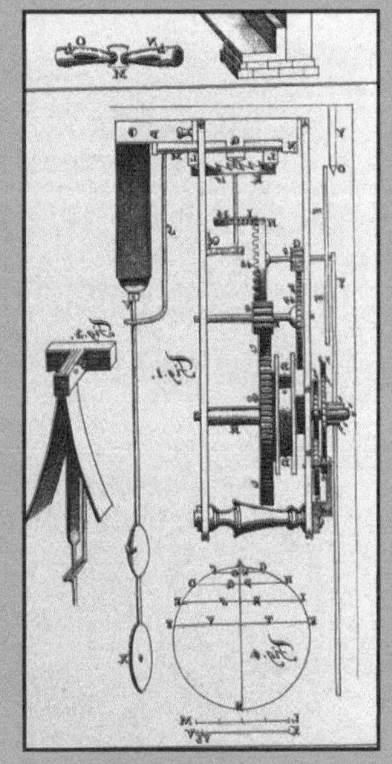
惠更斯摆钟的设计图

惠更斯研究摆钟

惠更斯在科学方面还有许多重大的贡献，比如建立向心力概念，提出光的波动说，发现土卫六、猎户座大星云等。他还超越其时代，首次提出了可能存在地外生命的观点。

惠更斯展示摆钟

自然对数的发明

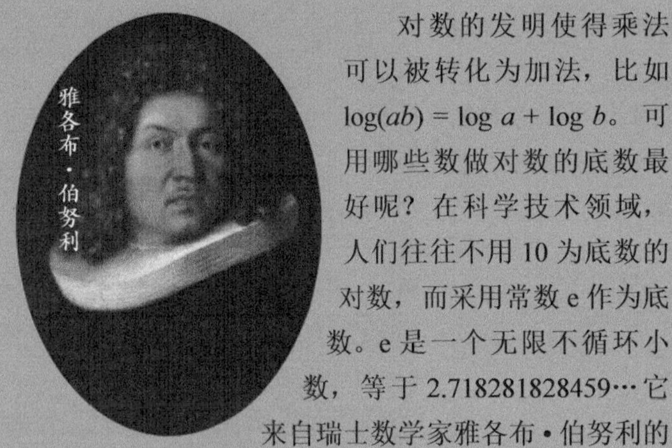

自然对数的性质

$\log_e e = 1$

$\log_e 1 = 0$

$e^{\log_e 6} = 6$

$\log_e e^3 = 3$

对数的发明使得乘法可以被转化为加法，比如 $\log(ab) = \log a + \log b$。可用哪些数做对数的底数最好呢？在科学技术领域，人们往往不用10为底数的对数，而采用常数e作为底数。e是一个无限不循环小数，等于2.718281828459…它来自瑞士数学家雅各布·伯努利的发现。之所以选中常数e做底数，是因为这样可以使很多计算简化。用e做底数是最“自然的”，所以以常数e为底数的对数被叫作自然对数，记作 $\ln x$（$x>0$）。这个定义是瑞士数学家欧拉给出的，为纪念欧拉，人们把自然对数的底数写作e。

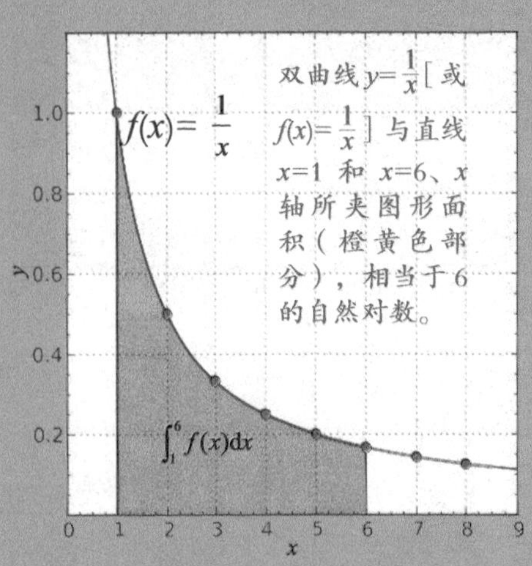

双曲线 $y=\frac{1}{x}$［或 $f(x)=\frac{1}{x}$］与直线 $x=1$ 和 $x=6$、x 轴所夹图形面积（橙黄色部分），相当于6的自然对数。

比尔奇的对数相当于底数接近e的对数，而纳皮尔的对数相当于底数接近 $\frac{1}{e}$ 的对数。1619年，英国数学家斯皮德尔（又译作斯佩德尔）在纳皮尔成果的基础上制成了第一份自然对数表，不过他还没有自然对数的概念。

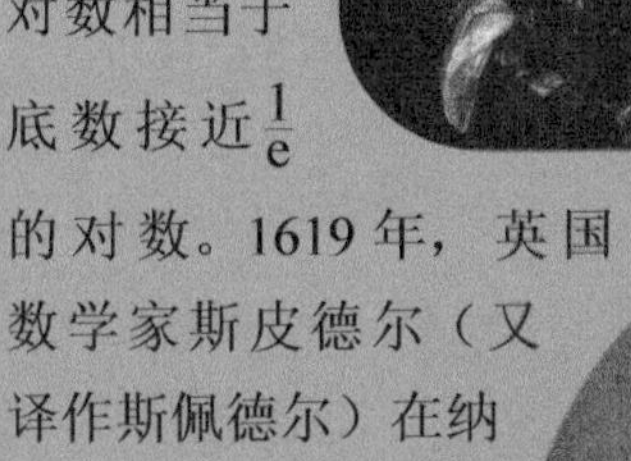

有关自然对数的最早描述，来自佛兰德（今比利时境内）数学家圣文森特的格雷戈里和他的学生萨拉沙，他们分别在1647年和1649年将双曲线的面积解释为自然对数。

甘做牛顿的人梯的巴罗老师

英国数学家巴罗生于伦敦，小时候曾经是一个非常顽劣的学生，还喜欢欺负同学。他的父亲就把他送到了一个管理非常严格的学校。有一段时间他父亲做生意亏了很多钱，没法供他继续读书，但这时他已经喜欢上了学习。幸亏有老师和朋友的帮助，他渡过了难关，最终进入了剑桥大学。大学毕业后，由于有奖学金在手，巴罗花了4年时间游历法国、意大利、士麦那（今伊兹密尔）和君士坦丁堡（今伊斯坦布尔）。在土耳其沿海，巴罗勇敢地打跑了试图抢劫的海盗，拯救了所乘船只上的人员。

在剑桥大学，巴罗先后担任过三一学院的院长、学校的副校长，以及第一位卢卡斯数学教授。这个教授职位是英国的亨利·卢卡斯设立的，300多年来凡是能当上这个教授的，没有一个不是非常厉害的数学家。

巴罗到底有哪些厉害的成就呢？在数学领域，巴罗是第一个研究曲线切线的人。此外，他实际上已经搞清楚了微积分的基本原理，不过他是从几何学的角度理解问题，还没有达到牛顿和莱布尼茨的那种现代认识的高度。

巴罗最大的成就可能是发现并培养了牛顿。巴罗是牛顿的老师，他最先发现了牛顿的才华，为了让牛顿获得更好的发展，他甚至将卢卡斯教授的职位让给了牛顿。

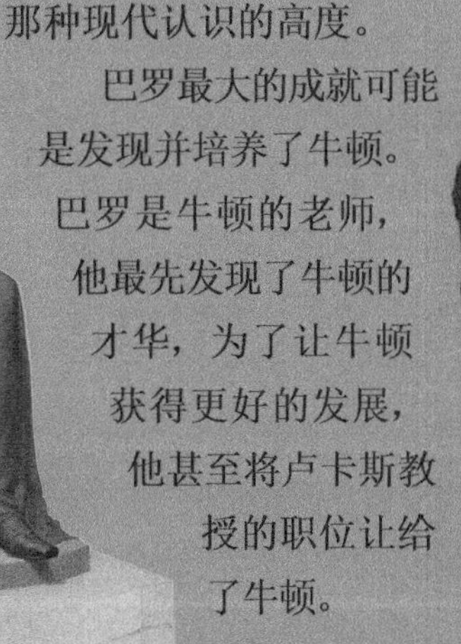

剑桥大学三一学院内的牛顿和巴罗像

微积分发明权之争

什么是微积分？

简单地说，微积分就是更高级的代数和几何，它采用一些特殊的手法，可用于解决更困难的问题。

常规数学问题

微积分问题

微积分是高等数学中研究函数的微分、积分，以及有关概念和应用的数学分支。微分和积分的思想早在古代就产生了。17 世纪初期，随着天文学、物理学的深入发展，传统的数学工具越来越不能满足科学研究的需要了。在这种情况下，微积分应运而生，但也引发了数学史上最大的公案。

1684 年，德国数学家莱布尼茨发表了论微积分的论文。最开始，牛顿在 1687 年出版的《自然哲学的数学原理》一书的初版中对莱布尼茨的成果表示认可，但是也特别提出自己也发明过类似的数学方法："和我的几乎没什么不同，只不过表达的用字和符号不一样。"

1699 年，情况发生了变化。瑞士数学家丢勒忽然跳出来，指责莱布尼茨剽窃牛顿的成果。丢勒在历史上以发明宝石钻孔技术闻名。1704 年，牛顿最终整理出版了自己的流数理论（即微积分）著作。在序言中，牛顿暗示自己早年的论微积分的手稿曾经被莱布尼茨看到过，而莱布尼茨的论文就是从他的手稿中抄来的。

很快，一本匿名小册子被散发出来，质疑牛顿的流数理论借用了莱布尼茨的想法。莱布尼茨的朋友数学家约翰·伯努利则写了一封匿名信攻击牛顿。但莱布尼茨始终公开称赞牛顿，还要求牛顿任会长的英国皇家学会主持公道。英国皇家学会审查的结论是正式指责莱布尼茨剽窃。

牛顿　　莱布尼茨

在此后的100多年间，英国学术界和欧洲大陆学术界为到底谁发明了微积分的问题争得不可开交。英国人为了捍卫牛顿，甚至拒绝使用莱布尼茨的微积分体系，断绝了跟欧洲大陆学术界的交流。

约翰·伯努利

大多数现代历史学家认为，牛顿和莱布尼茨各自分别发明了微积分。他们的方法和途径均不一样，对微积分的贡献也各有所长。牛顿注重与运动学的结合，发展完善了“变量”的概念，为微积分在各门学科的应用开辟了道路。莱布尼茨发明了一套简明方便、使用至今的微积分符号体系。牛顿研究在先，但未能及时发表自己的成果。莱布尼茨研究在后，但最先发表了系统的微积分理论著作。

石破天惊的牛顿爵士

即使是莱布尼茨也说："从世界的开始直到牛顿生活的时代为止，对数学发展的贡献绝大部分是牛顿做出的。"事情还不仅如此，如果查阅任何一本科学百科全书的索引，我们会发现跟牛顿有关的条目要比其他任何科学家的条目都至少多两倍。在过去500多年间，人类社会发生了翻天覆地的变化，这些变化在很大程度上都基于牛顿的理论和发现。

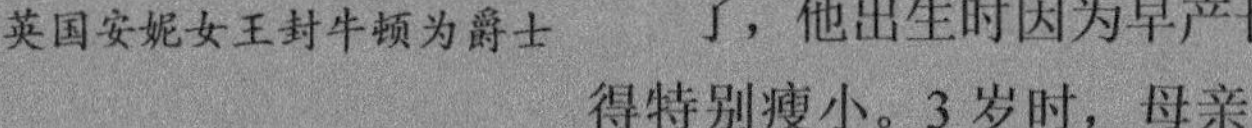

英国安妮女王封牛顿为爵士

牛顿生于英国林肯郡乡下的一个小庄园，他在青少年时代并不幸福。在他出生前3个月时，他的父亲就去世了，他出生时因为早产长得特别瘦小。3岁时，母亲改嫁，牛顿是跟着外祖母长大的。读书时，牛顿成绩一般，但是他喜欢读书，并动手制作了各种简单的机械和器物模型。由于家庭生活困难，母亲一度要求牛顿回家务农，但是他一有时间就会埋头看书，以致经常耽误农活。他的舅舅看到牛顿这样爱学习，就说服他的母亲，让牛顿回学校读书。后来牛顿进入剑桥大学读书，最终成为一代科学伟人。

少年牛顿

为了专心做研究，牛顿一生未婚，在数学、力学、天文学、光学、哲学等许多方面都成绩斐然。他的主要成果被汇总在《自然哲学的数学原理》一书中。

牛顿思考苹果落地现象

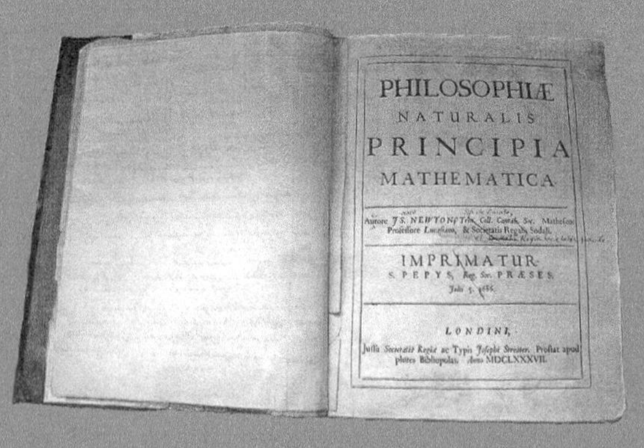

PHILOSOPHIÆ
NATURALIS
PRINCIPIA
MATHEMATICA

IMPRIMATUR
S. PEPYS, Reg. Soc. PRÆSES.

LONDINI,

《自然哲学的数学原理》的牛顿自用版

莱布尼茨发明二进制

在生活上，莱比锡人莱布尼茨有一点跟牛顿很像，他也早早地失去了父亲，不过是在他6岁时。青少年时代的莱布尼茨也跟牛顿一样非常热爱读书，不过他没像牛顿那样选择职业学者的道路。从莱比锡大学毕业后，他成了一名律师。在往返各个城市处理事务的旅程中，莱布尼茨就在颠簸的马车上研究数学。

莱布尼茨给勃兰登堡公主讲解科学原理

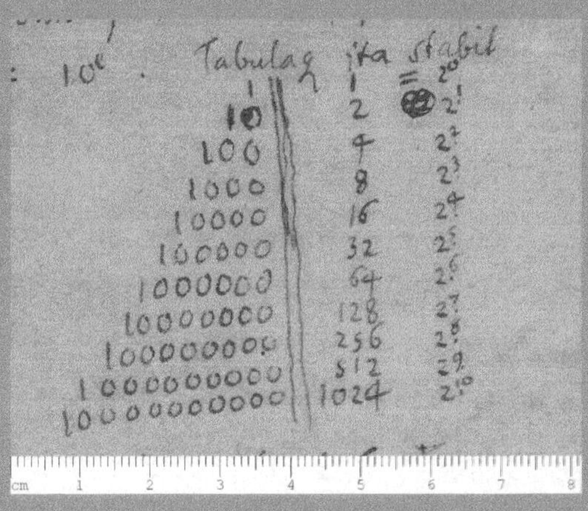

Tabulae		
1	1	2^0
10	2	2^1
100	4	2^2
1000	8	2^3
10000	16	2^4
100000	32	2^5
1000000	64	2^6
10000000	128	2^7
100000000	256	2^8
1000000000	512	2^9
10000000000	1024	2^{10}

莱布尼茨手稿中有关二进制的内容（1697年）

除了发明微积分，莱布尼茨的另外一项重大成就是发明了二进制。在二进制系统中仅仅用到0和1两个数字。莱布尼茨懂一点中国文化，在他的眼中，“阴”与“阳”基本上就是他的二进制的中国版。也有人认为，莱布尼茨是受阴阳八卦思想启发才发明的二进制。

莱布尼茨发明二进制，本意是想把它用在自己造的计算机上。在大约40年间，为了研制机械计算机，他累计用光了约100万美元的钱。可即使是这样，他最终也没能成功。二进制是超越时代的发明，莱布尼茨虽然没用上，却在现代被广泛地应用于电子计算机技术上。

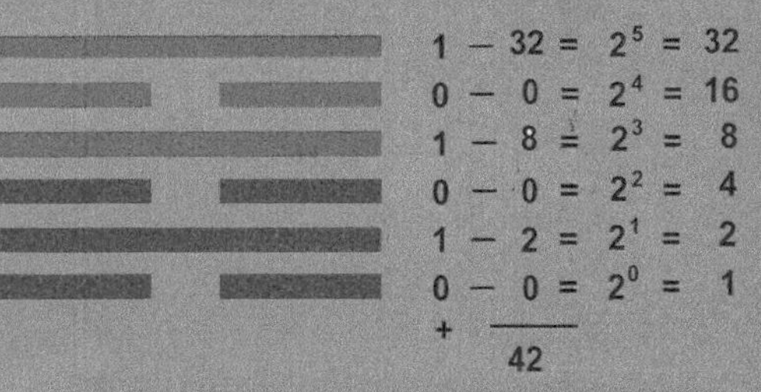

二进制和八卦有某种对应关系

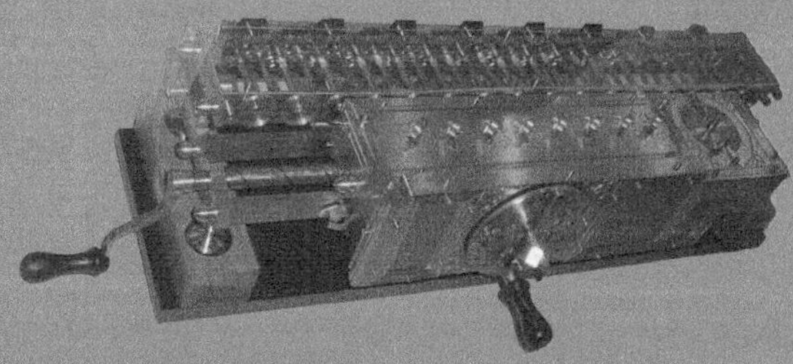

莱布尼茨造的机械计算机

莱布尼茨纪念币

切瓦定理大有用处

前面我们提到过梅涅劳斯定理。该定理有一个对偶定理，叫作切瓦（又译作塞瓦）定理，是由意大利数学家切瓦发现的。

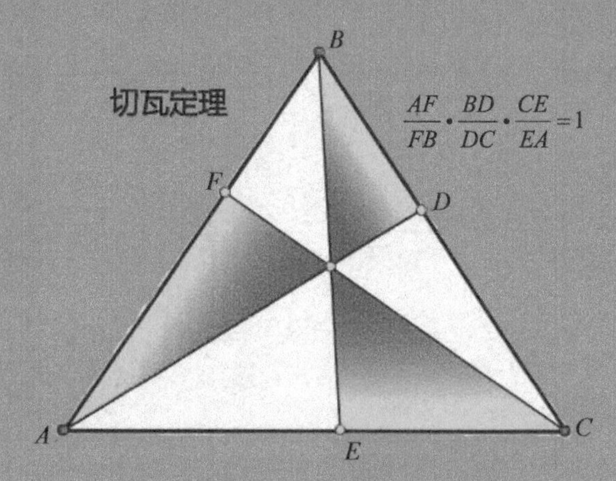

切瓦是曼托瓦大学的教师，也是一位水利工程师，一辈子喜欢研究几何学。在1678年，他在米兰出版了《直线论》这本书，其中提出了切瓦定理。后来，他又独自重新发现了梅涅劳斯定理。

利用切瓦定理可以进行直线形中线段长度比例的计算，这个定理的逆定理还可以用来进行三点共线、三线共点等问题的判定。

切瓦本人就用这个定理证明了三角形内部中线、高、内角平分线共点等问题。切瓦定理对于物体重心的确定有很大作用。例如：起重机要正常工作，其重心位置应满足一定条件；舰船的浮升稳定性也与重心的位置有关；高速旋转的机械，若其重心不在轴线上，就会发生剧烈的震动等。

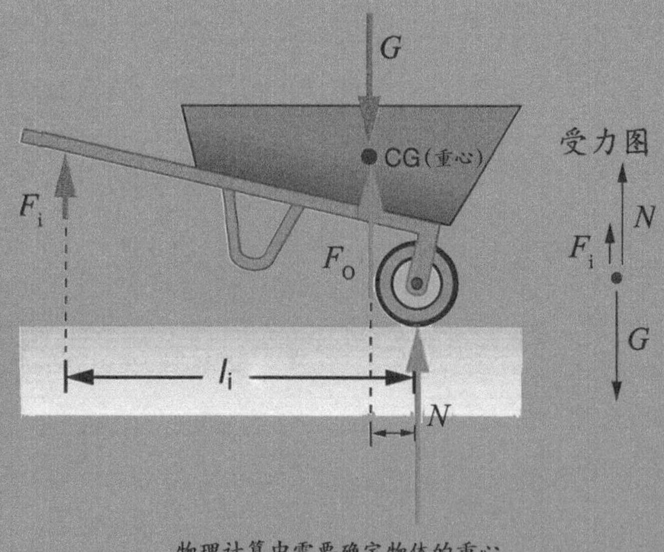

物理计算中需要确定物体的重心

平方根符号的发明和推广

平方根符号“√ ”的发明者是数学家鲁道夫。他是德国人，生于1499年。“√ ”实际上是“radix”（根值）这个词的首字母“r”的变体。鲁道夫还是第一本德文代数课本的作者。

后来，这个符号在法国数学家罗尔（又译作罗勒）的努力下逐渐为数学家们所接受。罗尔生于法国昂贝尔，是法国科学院的资深学者。当时的法国还流行用金钱购买官职、头衔的做法，所以科学院中绝大多数学者的资格都是花钱买来的，而罗尔却是完全凭实力赢得的。

罗尔曾做了很多工作推广简明数学符号（如“=”“√ ”等）的应用。他还是用于解方程的高斯消元法的发明人之一。这种解法在欧洲是由高斯命名的，在世界范围内，最早见于中国的《九章算术》。

微积分出现后，罗尔曾认为微积分的理论基础不扎实，而且结果也不准确。但在研究了一段时间后，他最终变成了微积分的支持者，后来还在微积分领域发现了著名的罗尔定理。罗尔定理的几何意义：在两端高度相等的连续光滑曲线上，必存在一条水平的切线。

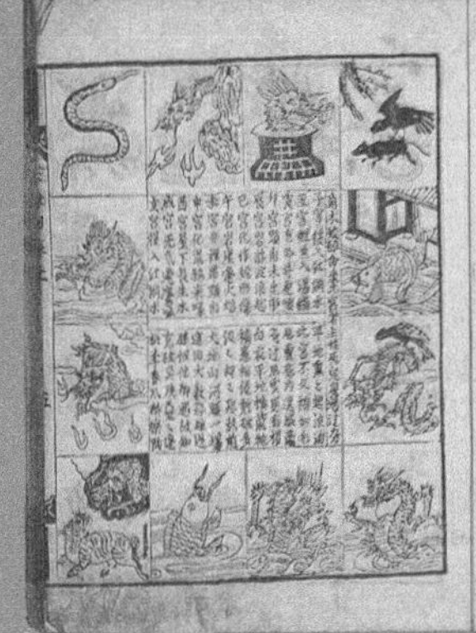
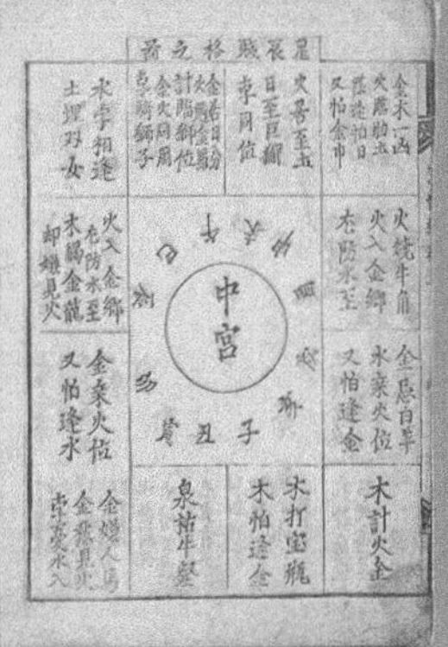

《九章算术》

$f(a)=f(b)$

a　c　b

罗尔定理

洛必达法则发明权之争

洛必达法则就是求一个分式当分子和分母都趋向零时的极限的法则。这条法则是以法国人洛必达的姓氏来命名的。洛必达是一名法国侯爵，曾经拜约翰•伯努利为师学习数学。没错，这个伯努利就是曾经帮助莱布尼茨写匿名信攻击牛顿的那位先生。约翰•伯努利在数学方面非常厉害，他出身于著名的瑞士数学家家族——伯努利家族，家族里有好几个人都是数学家。

约翰•伯努利虽然很有数学头脑，但是没什么钱。洛必达经济条件很好，看到老师生活困难，就主动伸出援助之手，不过这种援助是有条件的。原来洛必达虽然有了名师，可始终没研究出什么实质性成果，却很想过过出名的瘾。他希望老师能帮自己写一篇论文卖给他，被卖给洛必达的论文就是论述洛必达法则的论文。

洛必达去世后，约翰•伯努利跟欧洲其他数学家解释说，洛必达法则是自己的研究成果。不过，数学家们并不认可，他们认为论文既然被卖给了洛必达，成果就应该归在洛必达名下。

圆周率符号横空出世

威廉•琼斯是英国数学家，他最著名的成就是建议采用希腊字母“π”来表示圆周率。他是英国皇家学会的学者，跟牛顿等大学者都是好朋友。琼斯生于安格尔西岛上的一个贫困家庭，是在慈善学校里读的书。但琼斯非常有人缘，一辈子得到过很多有钱人的帮助。最开始，本地的一个地主发现了琼斯的数学天赋，就介绍他去伦敦的一个账房工作。

数学家威廉·琼斯

威廉·琼斯利用数学知识帮助船只导航

后来，琼斯换了一个工作，负责在船上教水兵学数学。他由此对导航产生了兴趣，并据此写了一本有关导航的书。他把这本书献给了帮助过他的英国作家约翰•哈里斯。在结束了船上的工作后，琼斯到伦敦做起了数学家教。他的家教做得非常好，他教的学生不是伯爵的儿子就是男爵的儿子。这些学生后来都用各种方法帮助过琼斯。

约翰·哈里斯

琼斯结过两次婚：第一个太太是他工作过的账房老板的遗孀，给他带来了一大笔嫁妆；第二个太太是玛丽•尼克斯。琼斯和玛丽的孩子中，有两个活了下来，其中一个也叫威廉•琼斯。此人成年后在印度做法官，是一个语言天才，据说是有史以来懂得语言最多的人。他发现欧洲人、印度人有共同的语言源头，还把很多中国的图书翻译成了英文。

语言学家威廉·琼斯

运气原来靠不住

棣莫弗（又译作棣美弗）生于法国的维特里-勒弗朗索瓦，是一个新教徒。1685年，法国国王宣布新教为非法宗教，棣莫弗和其他一些新教徒便一起逃亡到了英国。在伦敦，棣莫弗利用自己是法国人的优势，给小孩子补习法文。有一天，他偶然发现了刚刚出版的牛顿的《自然哲学的数学原理》一书。棣莫弗从小就喜欢数学，最爱读惠更斯从数学角度分析赌博的书，所以一下子就被这本书吸引住了。他挤出上课的间隙时间，如饥似渴地把这本书读完了。

在英国皇家学会秘书哈雷的帮助下，棣莫弗的一篇评价牛顿流数理论的论文受到了英国学术界的肯定。不久，他被英国皇家学会所吸纳。牛顿非常欣赏棣莫弗的才华，有一次有学生向他请教概率方面的问题，牛顿却让学生去问棣莫弗。在微积分发明权争议出现后，牛顿又委派棣莫弗负责调查整个事件。

棣莫弗一生贫寒，终身没有结婚。在87岁时，他得了嗜睡症。传说每天他要比前一天多睡$\frac{1}{4}$小时，这样，当某天的睡眠时间达到24小时的时候，他就长眠不醒了。

在早期概率论发展史上，有3部里程碑式的著作，棣莫弗的《机遇论》即为其一，另外两部是瑞士数学家雅各布•伯努利的《猜度术》和法国数学家拉普拉斯的《概率的分析理论》。

邮票上的雅各布·伯努利

兔子大小各不相同，但平均个头的兔子数量最多

雅各布•伯努利是约翰•伯努利的哥哥，也是一位数学家。在《猜度术》中，他根据自己的多次反复试验得出结论：“无限地连续进行试验，我们终能正确地计算出任何事物发生的概率，并从偶然现象之中看到事物的秩序。”但是，他还无法说明这种秩序到底是什么。

在《机遇论》中，棣莫弗否认了运气在机会类游戏中的作用，过去人们认为在纯属偶然的事件中发现了规律和必然，这个发现可看作人类认识自然的一个重大进展。棣莫弗的工作对数理统计学最大的影响，在于发现了中心极限定理（该定理也以他的名字命名）。该定理可以用于计算事件发生的概率。

中心极限定理

当抽样检测的数量极大时，会发现位于平均数水平的样本数量最多。

$n\uparrow$

x

哥德巴赫猜想

+	2	3	5	7	11	13	17	19
2	4	5	7	9	13	15	19	21
3	5	6	8	10	14	16	20	22
5	7	8	10	12	16	18	22	24
7	9	10	12	14	18	20	24	26
11	13	14	16	18	22	24	[illegible]	30
13	15	16	18	20	24	26	30	32
17	19	20	22	24	[illegible]	30	34	36
19	21	22	24	26	30	32	36	38

素数
\+ 素数
偶数

哥德巴赫猜想是近代数学三大难题之一。这个猜想最早出现在德国数学家哥德巴赫与瑞士数学家欧拉的通信中，用现代数学语言可表述为，“任一大于2的偶数，都可表示成两个素数之和”。

从1742年这个猜想正式出现，直到今天，许多数学家对这个猜想进行了研究，但没有取得任何决定性的突破。目前最好的成果是中国数学家陈景润在1966年发表的陈氏定理。陈景润证明了任何一个充分大的偶数都可以表示成为一个素数与另一个素因子不超过两个的数之和。有人评论说：“哥德巴赫猜想的困难程度可以与任何一个已知的数学难题相比。”

在今天，数学家哥德巴赫主要以哥德巴赫猜想为人们所熟知。他的本专业是法律，是后来改研究数学的，这一点有些像莱布尼茨。大学毕业后，他又继续在欧洲多个国家游学了长达14年。在这期间，他结识了很多数学家，其中就包括莱布尼茨和欧拉。在这以后，他成了一个教授，还曾接受沙皇聘请去俄国工作过。

哥德巴赫是一个语言天才，他写日记用德文和拉丁文，写信时可以用德文、拉丁文、法文和意大利文，在撰写官方文书时可以用俄文、德文和拉丁文。

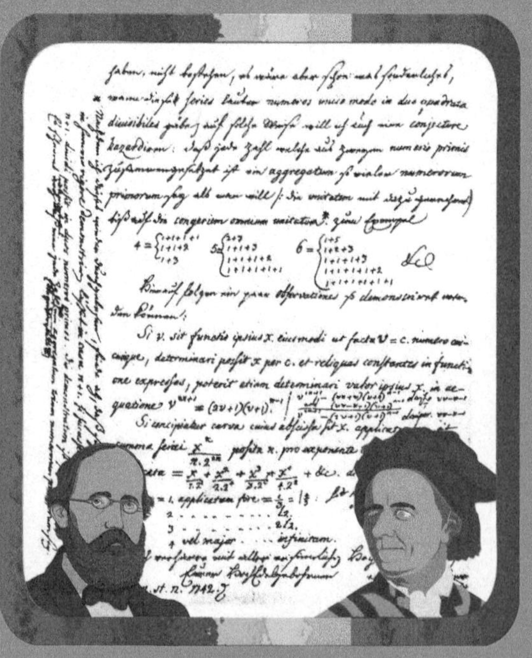

哥德巴赫和欧拉的通信手稿，原文用德文和拉丁文写成

兰伯特证明 π 是一个无理数

德国数学家兰伯特（又译作兰贝特）生于一个贫穷的裁缝家庭，家里有 7 个兄弟姐妹。他在 12 岁时退学帮爸爸做工。可是小兰伯特没有放弃学习，每天一有空仍然坚持自学。他的勤奋好学给他带来了好运。因为字写得好看，加上书念得好，他后来先后被人请去做办事员、家庭教师和报社主编的秘书。

又过了几年，兰伯特被一个伯爵请去当家庭教师。伯爵家有大量藏书，而且做教师的时间很宽松。多年以来，兰伯特一直坚持在业余时间钻研科学知识。这时，他有了进一步增长自己学识的条件。在他的两个男学生 19 岁时，他又带着他们周游欧洲，进行“教育旅行”。在旅行期间，他带着两个学生，拜访了很多当时著名的数学家和科学家。旅行结束后，兰伯特离开了伯爵一家，先后在多个地方做职业的学者。最后，在欧拉的推荐下，兰伯特受聘进入了柏林的普鲁士科学院。他有了一份丰厚的收入，从此过上稳定的生活，每天在科学的海洋中遨游。

兰伯特在伯爵家做家庭教师

兰伯特是一个非常博学的人。他对于数学、物理学、天文学、哲学和地图投影学都有贡献。在数学方面，他最著名的成就是证明 π 是一个无理数，他还首先把双曲函数引入了三角学，并设想了非欧几何的存在。他还是历史上第一位指出宇宙是由众多星系组成的科学家。

兰伯特在书房中做研究

欧拉解决“七桥问题”

在18世纪的柯尼斯堡（又译作哥尼斯堡，今俄罗斯加里宁格勒），有一条中央有两个小岛的小河，河上有7座桥连接两个岛与河岸。有个人提出一个问题：一个步行者怎样才能不重复、不遗漏地一次走完7座桥，最后回到出发点。问题提出后，人们纷纷尝试，但在相当长的时间里，始终未能解决。利用普通数学知识可知，每座桥平均走一次，所有的走法一共有5040种。面对这么多的情况，几乎根本没法一一尝试。

有几名大学生就写信给俄国圣彼得堡科学院的数学家欧拉，请他帮忙解决这一问题。1736年，在亲自观察过柯尼斯堡的7座桥，并经过一年的研究之后，欧拉发表了一篇题为《柯尼斯堡七桥》的论文，证明该问题无解。

在论文中，欧拉将“七桥问题”抽象出来，把每一块陆地以一个点表示，连接两块陆地的桥以线表示。这样问题便转化为是否能够用一笔不重复地画过此7条线的问题。通过对“七桥问题”的研究，欧拉不仅圆满地回答了柯尼斯堡居民提出的问题，而且得到并证明了具有更普遍意义的有关一笔画的3个结论。

有关一笔画的3个结论

1. 凡是由偶点组成的连通图，一定可以一笔画成。画时可以把任一偶点作为起点，最后一定能以这个点为终点画完此图。
2. 凡是只有两个奇点的连通图（其余都为偶点），一定可以一笔画成。画时必须把一个奇点作为起点，另一个奇点作为终点。
3. 其他情况的图都不能一笔画出。（奇点数除以2便可算出此图需几笔画成。）

欧拉是一个数学神童，生于瑞士巴塞尔。他在不满10岁时就开始自学代数，13岁入读巴塞尔大学，15岁大学毕业，16岁获得硕士学位。硕士毕业后，欧拉当牧师的父亲，本来想让欧拉学神学。但在巴塞尔大学当老师的约翰•伯努利说服了欧拉的父亲，让欧拉去读数学博士。

博士毕业后，在约翰•伯努利的儿子丹尼尔•伯努利的推荐下，欧拉成了俄国圣彼得堡科学院的教授；后来还受腓特烈大帝之邀，去柏林科学院任过教。

欧拉是数学史上最多产的数学家之一，平均每年写出800多页的论文，许多著作都是经典之作。他对数学的研究非常广泛，以至于在许多地方都可见到以他的名字命名的常数、公式和定理。

$$e^{i\pi}+1=0$$

欧拉恒等式

据说由于曾用肉眼直接观测太阳，加上过于勤奋，欧拉的视力一直不好。在生命的最后10多年中，他的双目完全失明。尽管如此，他还是以惊人的速度完成了生平一半的著作。这大概归因于他的心算能力和超人的记忆力。比如，欧拉可以从头到尾非常流畅地背诵史诗《埃涅阿斯纪》，并能指出他所背诵的那个版本的每一页的第一行和最后一行是什么。

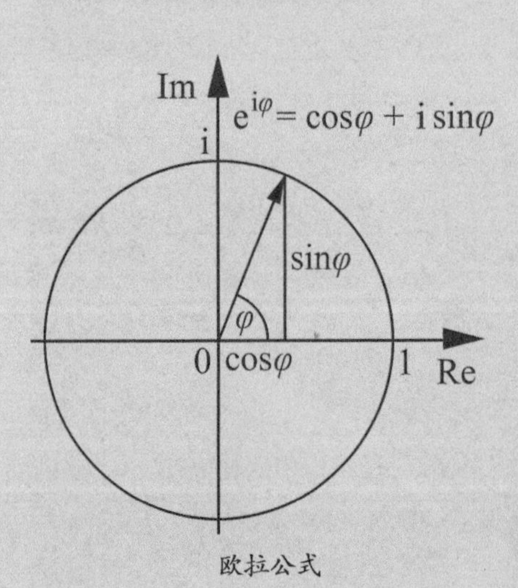

欧拉公式

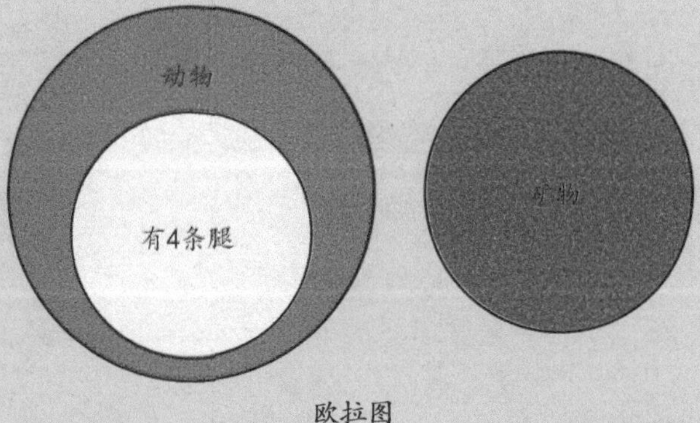

欧拉图

女数学家玛丽亚·阿涅西

玛丽亚·阿涅西

玛丽亚·阿涅西生于博洛尼亚，父亲彼得罗·阿涅西是博洛尼亚大学的数学教授。在父亲的悉心教导下，她11岁就学会了5种语言（希腊语、希伯来语、拉丁语、法语和西班牙语，还不算母语意大利语），不到10岁就能自如地谈论哲学、逻辑和解析几何。

小阿涅西是本地沙龙的主角

18岁的时候，玛丽亚的生母去世了。她开始淡出社交场合，回家照顾自己的弟弟妹妹。借着给弟弟妹妹讲几何的机会，她开始一头扎入数学的世界。很快，她用意大利语写出了一本微积分教材《分析讲义》。这本书分上下两册，共1000多页，堪称当时微积分的集大成之作，该书将当时数学家们不成体系的成果，简洁、优美、有序地集合在了一起。在她之前，还没有人将牛顿和莱布尼茨两个“大冤家”的数学方法总结到一起过。

很快，该书就在法国和意大利的大学流传起来，成了一本权威的教材。

$$y(x^2+a^2)=a^3$$

箕舌线，又名“阿涅西的女巫”。阿涅西曾在自己的著作中对这条钟形曲线进行过深入研究

1750年，玛丽亚的父亲病重，教皇本笃十四世任命玛丽亚为博洛尼亚大学数学与自然哲学院的院长。这使得玛丽亚成了历史上第二位大学女教授。

本笃十四世

布丰研究投针问题

法国人布丰以写作《自然史》闻名世界，他的主要身份是博物学家和作家。其实，他在数学方面也做出过贡献。在概率领域，布丰以提出投针问题而闻名：设我们有一块用平行且等距的木纹砖铺成的地板，现在随意抛一支长度比木纹之间距离小的针，求针和其中一条木纹相交的概率。

布丰

根据推算，布丰发现此概率值为$\frac{2l}{\pi a}$，其中a为相邻两平行线之间的间距，l为针长。由于这个值跟π有关，布丰据此提出一种计算圆周率的方法——随机投针法。

布丰从小就喜欢自然科学，尤其是数学，但他上大学时所学专业是法律和医学，跟自然科学关系并不大。毕业后，他认识了一位英国公爵，随公爵一起游历了法国南方、瑞士和意大利。在公爵的家庭教师的影响下，他开始刻苦研究博物学。在担任法国皇家植物园园长期间，布丰建立了一个专门研究博物学的组织，吸引了大量国内外的科学家、旅行家参与其中，借此收集了大量的动植物和矿物标本。利用这个便利条件，布丰用40年时间，写出了鸿篇巨著——36卷的《自然史》。布丰去世后，他的助手帮助完成了《自然史》的后8卷，整部著作共44卷。在书中，布丰早于达尔文提出了生物进化的观点，但他始终不相信人是由类人猿进化来的。

布丰在写作

幻想作品中的布丰和猩猩

赫歇尔算出天王星的轨道

赫歇尔（又译作赫歇耳）生于德国汉诺威（当时属英国管辖）的一个音乐世家。他本来非常喜欢音乐，4岁就开始学拉小提琴。19岁（1757年）时，为了躲避战乱，他流浪到了英国本土，最开始曾借助音乐才华谋生。在研究音乐的过程中，赫歇尔无意中发现了一些有关望远镜和显微镜制造的书。在父亲的影响下，赫歇尔从小就对天文很感兴趣，这时，这些著作一下子就激发了赫歇尔研究天文学的雄心。

赫歇尔

赫歇尔研制的直径12米的大望远镜

为了事业，尤其是制造望远镜所需的巨大支出，他在50岁时娶了一位非常富有又全力支持他工作的寡妇玛丽为妻。他的独子约翰出生时，他已54岁了。

1821年英国皇家天文学会成立时，他众望所归地成为首任会长，后来还被册封为爵士。

1781年3月13日晚，赫歇尔像往常一样，用自制的反射望远镜观测星空。当把望远镜转向双子座的时候，他注意到双子座的位置上有一颗很明亮的陌生星球。不久，赫歇尔根据所得到的观测数据，计算出它的轨道近似圆形，它距离太阳比土星距离太阳远出约一倍。这时他意识到自己发现了一颗新行星。这颗行星后来被命名为天王星。有趣的是，赫歇尔84岁的寿命恰好就是他所发现的天王星绕太阳公转一周的时间。

人家是行星，好吧？

赫歇尔发现天王星时所用望远镜的复制品

赫歇尔在天文研究中取得了非常丰硕的成果，这与他几十年如一日勤奋工作是分不开的。在研究天文学的高峰时期，每天晚上只要不受月光和天气等观测条件的影响，他总要在妹妹卡罗琳的协助下观测夜空。如果遇到多云的天气，他就请人观察天气的变化，只要云雾散了，就马上通知他来继续观测。

赫歇尔在卡罗琳的协助下做观测

卡罗琳协助赫歇尔磨镜片

赫歇尔一家可称为天文世家，他的妹妹卡罗琳也是一位了不起的女性，她终身未婚，与哥哥朝夕相处50年。赫歇尔的许多发现中都有她的一份功劳，她独自也有不少成就：包括发现了14个星云与8颗彗星，对星表做了修订，补充了561颗星等。卡罗琳一直活到1848年，享年98岁。

赫歇尔的独子约翰也是“将门虎子”，他是英国皇家天文学会的创始人之一。约翰发现的双星多达3347对，他还发现了525个星团和星云，记下了南天的68948个天体。他撰写的《天文学纲要》是对当时天文学研究的最好总结，对全世界都有深远的影响。

“法国的牛顿”拉普拉斯

在太阳系中，木星和土星是两个比较独特的存在。木星的轨道不断收缩，而土星的轨道又不断膨胀。在相当长的一段时间内，科学家们对这两个现象百思不得其解。1773 年，法国数学家拉普拉斯最终解决了这个难题。

拉普拉斯

拉普拉斯在研究问题

拉普拉斯把牛顿的万有引力定律应用到整个太阳系，用数学方法证明行星平均运动的不变性，即行星的轨道大小只有周期性变化，并证明其为偏心率和倾角的三次幂。

拉普拉斯的主要研究领域为天体力学，也就是用数学和力学方法研究天体的运行规律。在研究天体问题的过程中，他创造和发展了许多数学方法，以他的名字命名的拉普拉斯变换、拉普拉斯定理和拉普拉斯方程在科学技术的各个领域有着广泛的应用。

身穿贵族衣服的拉普拉斯

拉普拉斯生于法国诺曼底的博蒙，父亲是一个农场主。他在青年时期就显示出了卓越的数学才能，18岁时他离家赴巴黎，决定从事数学研究工作。他带着一封推荐信去找当时法国的著名学者达朗贝尔，但后者拒绝接见这个无名小子。拉普拉斯就把自己的一篇力学论文寄给达朗贝尔。这篇论文出色至极，以致达朗贝尔看后竟然提出要当他的教父，并推荐他去军事学校教书。此后，拉普拉斯同伟大的科学家拉瓦锡共事了一段时间，他们一起测定了许多物质的比热容。

感谢您把无穷小量精神带进内阁！

您太客气了，我也是为了推动科学的发展呢。

拉普拉斯先后在多所大学任教，后来又进入法国政府成为高官。在拿破仑帝国时期，拉普拉斯甚至给拿破仑当过老师。他在数学上是个大师，在政治上却是个墙头草，总是效忠于得势的一方。拿破仑曾讥笑他把无穷小量精神带到了内阁里。

席卷法国的政治变动，包括拿破仑政权的兴起和衰落，没有明显地影响拉普拉斯的工作。尽管他曾涉足政治，但他的威望和他将数学应用于军事问题的才能保护了他。当然，这也有赖于他在政治上见风使舵的能力。

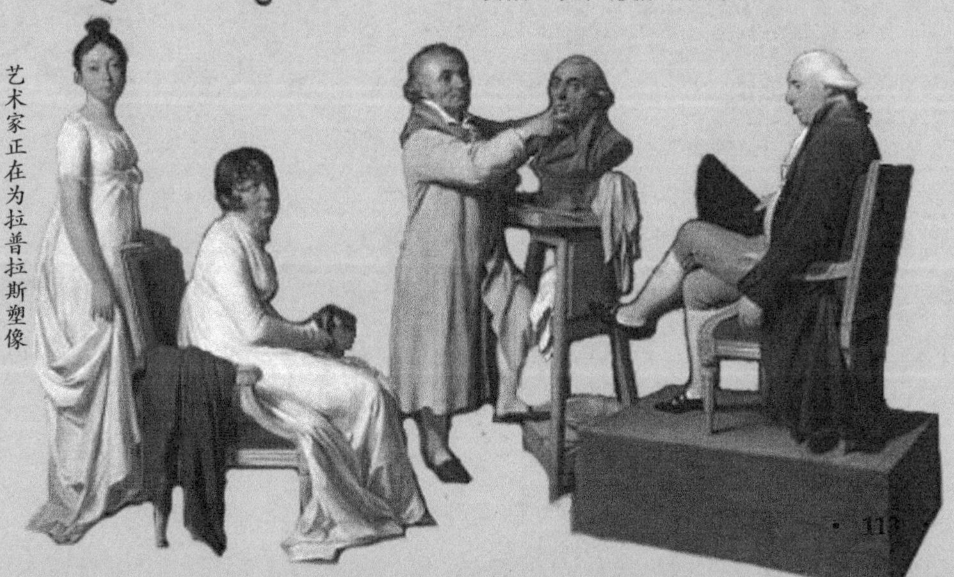
艺术家正在为拉普拉斯塑像

高斯算出谷神星的轨道

高斯生于德国的一个贫穷家庭。他有一个才能，即可以进行高位数的心算。凭借着异于常人的天赋，高斯取得了惊人的成就，人称“数学王子”，和阿基米德、牛顿并称为“世界三大数学家”。

高斯自幼擅长数学，3 岁便能纠正父亲计算中的错误，小学时就能用等差数列方式计算“1+2+…+100”的和。在 19 岁时，他用没有刻度的尺子和圆规画出了正十七边形，解决了存在两千年的几何难题。

高斯让老师大吃一惊

高斯很小就显示出过人的数学天赋，可父亲却希望他能安分守己，做一个木工。好在高斯的舅舅支持他往数学研究方面发展。高斯的天赋在小学时便被老师巴特尔斯察觉。在老师的引荐下，他结识了一生的贵人斐迪南公爵。公爵供高斯读了大学，还在高斯毕业后继续为他提供资助，使得高斯可以一心钻研数学。可惜公爵后来在与拿破仑作战时阵亡。为了让高斯能专心研究，一些德国学者联合起来，帮高斯争取到格丁根大学的教授职位。不过据说高斯不是个好老师，他太热衷于研究，不喜欢教书。

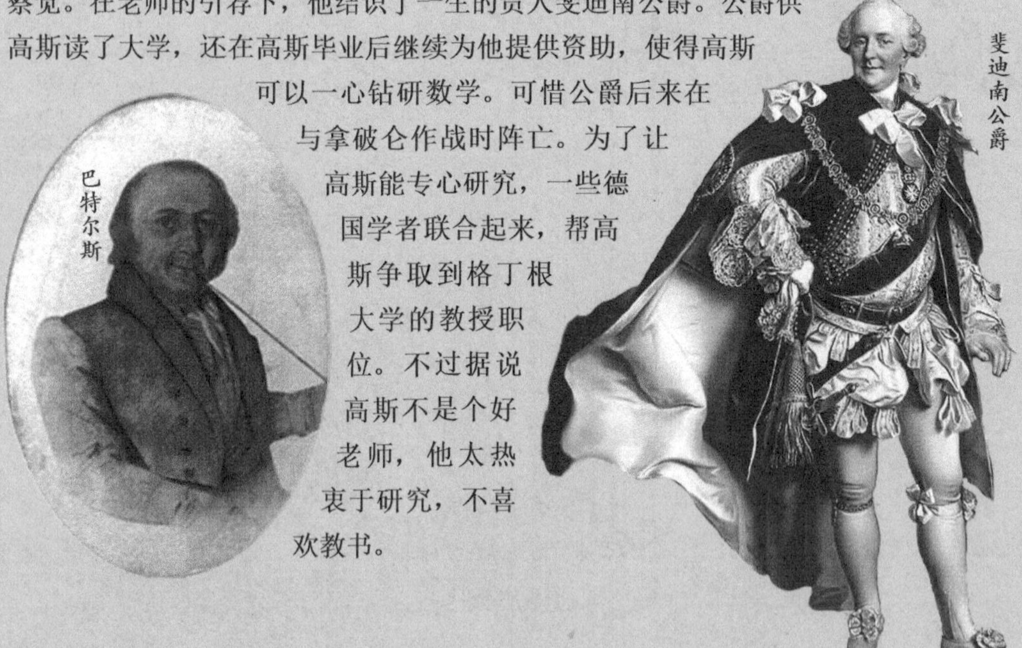

高斯的数学成就虽然不计其数，但有很多成就都是在他去世后才被人们发现的。高斯发现谷神星的运行轨迹是出于一次偶然的尝试。1801 年的一个晚上，意大利神父皮亚齐在观察星空时发现一颗不停运动的小星星，后因生病而错失深入观察的机会。天文学界对他的发现议论纷纷。这一发现引发了高斯的好奇心，他想，通过天文观察找不到小星星，那通过数学计算是否可以找到呢？在人们的怀疑声中，高斯开始了他的计算，据说他只用了一小时就算出了这个星体的运行轨迹。这颗星星就是谷神星。

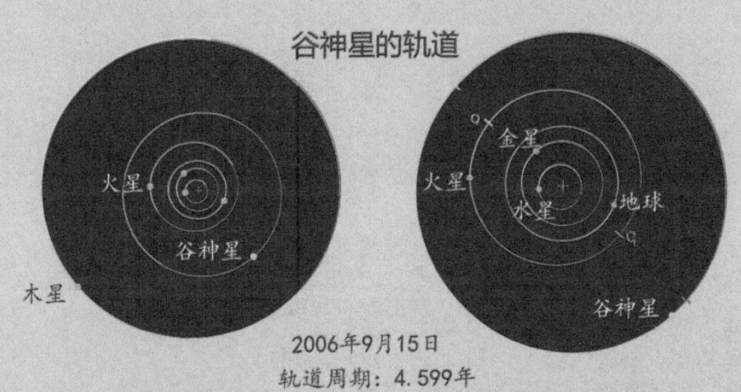

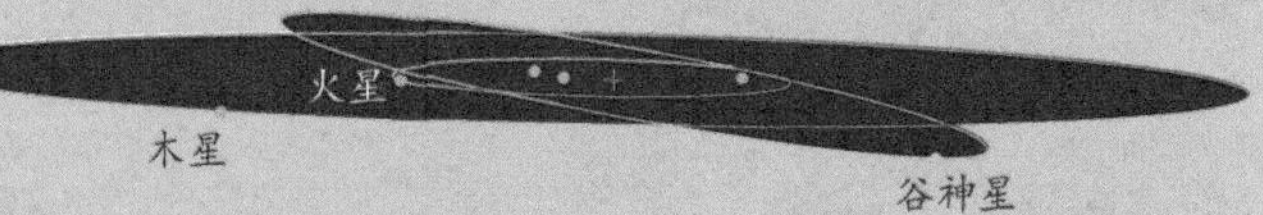

高斯的“毛病”是太认真，生怕出问题，不喜欢发表自己的研究成果。高斯有个大学同学叫波尔约·福卡什，他的儿子波尔约·亚诺什热衷于研究证明欧几里得几何（简称欧氏几何）中的平行公理，最后开创了不承认平行公理的非欧几里得几何（简称非欧几何）。波尔约·亚诺什的父亲把儿子的成果寄给高斯看，高斯却说：“我不能夸他，因为我夸他等于夸我自己。”他之所以这样说是因为他早在几十年前就有过同样的发现，只不过没有公开发表。

波尔约·亚诺什

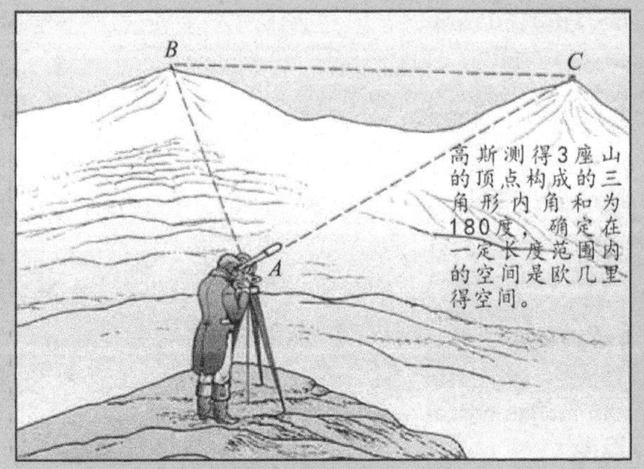

高斯测得3座山的顶点构成的三角形内角和为180度，确定在一定长度范围内的空间是欧几里得空间。

微积分走向更广阔的领域

牛顿和莱布尼茨以后的欧洲数学界分裂为两派。英国人仍坚持牛顿的几何方法，进步缓慢；欧洲大陆的数学家采用莱布尼茨创立的分析方法，取得了很多研究成果。在数学分析领域，拉格朗日作为开拓者的贡献仅次于欧拉。

拉格朗日生于意大利都灵，是一名法国骑兵军官的儿子。虽然父亲一心想把儿子培养成律师，但拉格朗日对法律毫无兴趣。17 岁时，他首次接触到介绍牛顿微积分方法的论文，一下子就迷上了以微积分为工具的数学分析。不久，他先后两次在法国科学院的比赛中获奖。

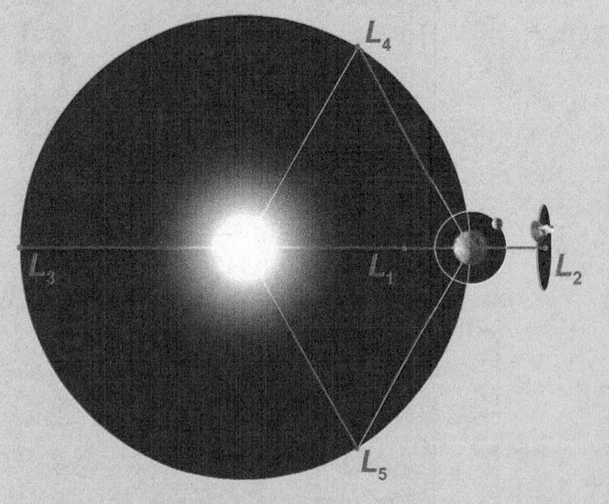

1766 年，德皇腓特烈大帝邀请拉格朗日去德国。此后，拉格朗日在柏林科学院工作了 21 年之久。在此期间，他完成了《分析力学》一书，这是一部重要的经典力学著作。这本书运用数学分析方法，建立起完整和谐的力学体系，奠定了分析力学的基础。他在序言中宣称：力学已经成为数学分析的一个分支。

拉格朗日在数学、力学和天文学 3 个学科中都有很多重大的历史性贡献，但他主要是数学家，研究力学和天文学的目的是表明数学分析的威力。

傅里叶发现三角级数

大气层如同覆盖着玻璃的温室一样，保存了一定的热量，使得地球变得越来越热，这就是所谓的温室效应。最早意识到温室效应存在的是法国数学家、物理学家傅里叶。傅里叶在热学方面曾进行过大量的研究。

傅里叶早在1807年就写成了关于热传导的基础论文《热的传播》，并将论文呈交给法国科学院，但经拉格朗日、拉普拉斯和勒让德审阅后被科学院拒绝。1811年他又提交了经修改的论文，该文获科学院大奖，却未正式发表。傅里叶在论文中推导出著名的热传导方程，并在求解该方程时发现解的函数可以由三角函数构成的级数形式表示，从而提出任一函数都可以展开成用三角函数表示的无穷级数。人们也把三角级数叫作傅里叶级数，后来，傅里叶级数的应用非常广泛。

傅里叶生于法国欧塞尔的一个裁缝家庭，9岁时沦为孤儿，被当地一主教收养。青年时代他就读于军校，后任巴黎综合工科大学讲师。1798年他随拿破仑远征埃及，受到拿破仑器重，曾被封为男爵。后来，他逐渐成为法国科学院的院士和领导者。

傅里叶（左一）和拿破仑（左二）在埃及

柯西引入极限概念

柯西

传说，数学家拉普拉斯有一次参加学术会议，回来后急匆匆地把自己最近完成的作品重新校阅了一遍。原来他从会议上听到了一位数学家的新理论，所以赶紧根据该理论检查自己的作品是否有错误。这位数学家就是法国的柯西。

少年柯西表现出过人的才智

柯西生于巴黎，父亲是一位律师，与拉格朗日和拉普拉斯交往密切。柯西少年时代的数学才华颇受这两位数学家的赞赏，他们预言柯西日后必成大器。柯西大学读的是工科，毕业后当过道路工程师。由于身体欠佳，柯西接受了拉格朗日和拉普拉斯的劝告，放弃做工程师而致力于数学的研究，最终成为一名教授。

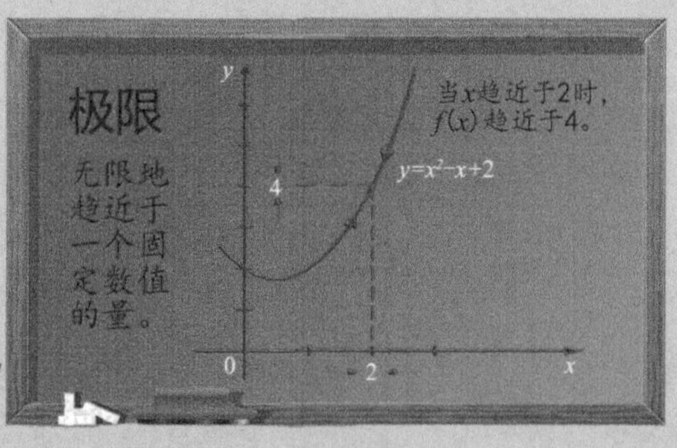

柯西在数学上的最大贡献是在微积分中引进了极限概念，并以极限为基础建立了逻辑清晰的分析体系。柯西的成果结束了微积分200年来思想上的混乱局面，最终使微积分发展成现代数学中最基础且最庞大的学科。

柯西在数学史上是仅次于欧拉的多产数学家。据说，柯西年轻时频繁向法国科学院提交论文，以至于造成“巴黎纸贵”的现象。科学院为此特别规定论文篇幅不得超过4页，柯西的许多长篇大论因而无法在本国发表，只好寄给外国刊物。

非欧几何另辟新天

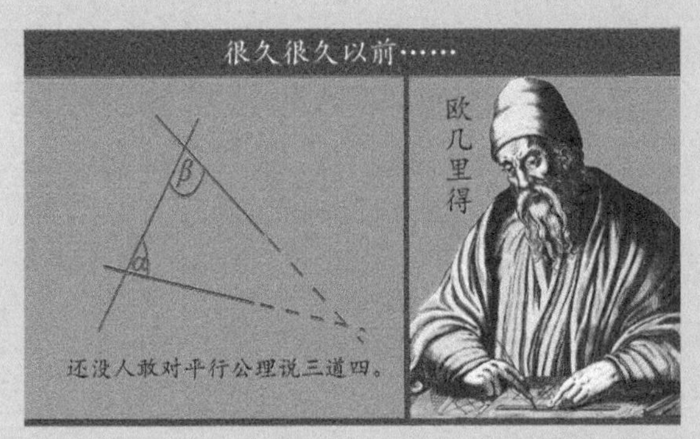

《几何原本》中有5条公设，第五条公设又称平行公理：同一平面内一条直线和另外两条直线相交，若在某一侧的两个内角的和小于180度，则这两直线在向这一侧延长后必相交。

几千年来，平行公理始终没有人能证明，人们渐渐认为它是不能被证明的。在19世纪，高斯、波尔约、黎曼和罗巴切夫斯基等数学家纷纷对平行公理提出质疑，并在此基础上形成了几种非欧几何，也就是不承认平行公理的几何学。

在球面上，三角形内角和不等于180度。球面不属于欧几里得空间，但是欧氏几何在这种条件下基本上是成立的。在地球表面，较小三角形的内角和接近于180度。

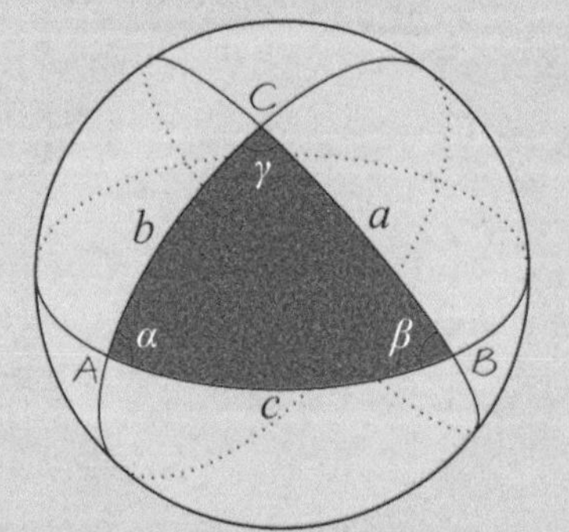

罗氏几何的创立者罗巴切夫斯基被誉为数学界的哥白尼。罗氏几何和欧氏几何不同的地方仅仅是把平行公理换了一下，变成“在平面内，从直线外一点，至少可以做两条直线和这条直线平行”，其他公理基本相同。在欧氏几何中，凡涉及平行公理的命题，在罗氏几何中都不成立，相应地具有新的意义。

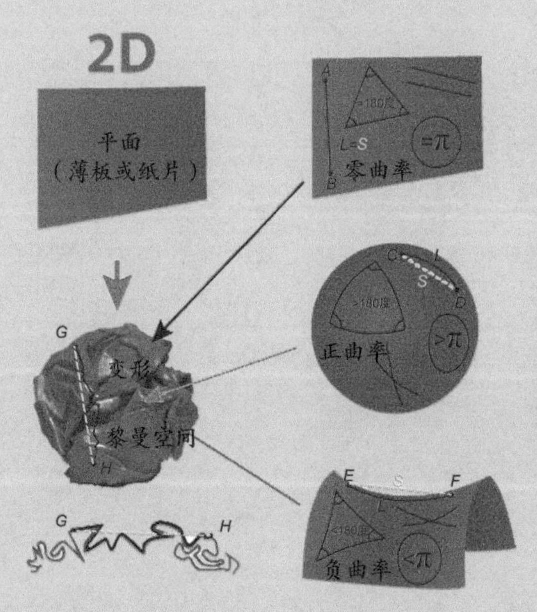

黎曼几何是德国数学家黎曼创立的。黎曼几何中的一条基本规定是，在同一平面内任何两条直线都有公共点（交点）。黎曼几何不承认平行线的存在。它的另一条公设讲道，直线可以无限延长，但总的长度是有限的。黎曼几何的模型是一个经过适当改进的球面。

伽罗瓦发明群论

伽罗瓦

1832年5月30日深夜，法国巴黎的一间寓所内，一个青年一边奋笔疾书，一边在笔记的空白处不时标上“我没时间”的字样。这个青年就是群论的发明者之一数学家伽罗瓦。伽罗瓦使用群论的想法去讨论方程的可解性，整套想法现被称为伽罗瓦理论，是当代代数与数论的基础支柱之一。

群论是研究代数结构群的性质的理论。

群是一种能满足封闭性、结合律，有单位元素，有逆元素的二元运算的代数结构。

伽罗瓦生活在法国大革命后最混乱、动荡、腐败的时代。17岁时他报考大学落榜。18岁时，他进入高等师范学校学习，不久因参加政治活动、抨击校长被学校开除。他两次把自己的成果提交给法国科学院，均因各种原因被埋没。

离开大学后，伽罗瓦曾入狱两次，出狱后被卷进一场决斗。决斗的前一天晚上，预见到自己必死的伽罗瓦把自己的全部思想写了下来。于是，就出现了本文开头的那一幕。第二天，他果然在决斗中被情敌所杀，年仅21岁。

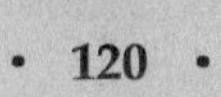

巴贝奇和阿达研制计算机

18世纪末，法国政府组织人力编制了一套《数学用表》。尽管法国政府找来了大量的精兵强将，但是最终的数据仍然错误百出。英国数学家巴贝奇知道此事后，产生了制造计算机器代替人工运算的想法。这一想法超越了他所在的时代，对后世影响巨大，但也使他自己和另外一位女士偏离了常规的人生轨迹。

巴贝奇

巴贝奇生于英国托特尼斯，是一位富有的银行家的儿子，家境优渥。他在童年时代就显露出极高的数学天赋。考入剑桥大学后，他所掌握的代数知识甚至超过了他的老师，并在学校任教期间获得了卢卡斯数学教授席位。然而，这位旷世奇才却选择了一条无人敢走的崎岖险路。

后人根据巴贝奇的设计制造的差分机1号模型

1822年，巴贝奇小试牛刀，用10年时间制造出了第一台差分机（差分机1号）。进度之所以这样慢，是因为当时的机械加工技术水平极低。这台机器的运算精度达到了6位小数，当即就演算出好几种函数表。以后的实际运用证明，这种机器非常适合编制航海和天文方面的数学用表。英国政府看到巴贝奇的研究有利可图，就与他签订了第一份合同，慷慨地为这台大型差分机提供了1.7万英镑的资助。巴贝奇自己也贴进去1.3万英镑巨款，用以弥补研制经费的不足。

巴贝奇一度获得英国政府的支持

然而，第二台差分机（差分机 2 号）的制造进展缓慢。由于工艺要求超出了当时的技术水平，20 年时间过去后，差分机 2 号仍旧没有造好。资金耗尽，同事作鸟兽散，政府断绝资助，一些科学家的负面评价让巴贝奇处在痛苦的煎熬中。

巴贝奇制造的差分机 2 号上的齿轮

后人按照巴贝奇的设计制造的差分机 2 号

就在这痛苦艰难的时刻，一位名叫阿达（又译作埃达）的女士主动找到巴贝奇，表示愿意跟他一起工作。原来，这位女士是诗人拜伦的女儿，小时候曾经在母亲的带领下参观过巴贝奇的差分机。她认为巴贝奇的努力将改变世界。

就这样，在阿达 27 岁时，她成为巴贝奇科学研究上的合作伙伴。在此之前巴贝奇提出了一项新的更大胆的设计。他把这种新的设计叫作分析机，它能够自

动计算有 100 个变量的复杂算题，每个数可达 25 位，速度可达每秒运算一次。一个多世纪后的今天，现代计算机的结构几乎就是巴贝奇分析机的翻版，只不过它的主要部件被换成了大规模集成电路而已。仅凭此设计，巴贝奇就可被称为计算机设计的开山鼻祖。

阿达

为分析机编制计算程序的重担，落到了数学才女柔弱的肩头。为了工作，阿达把3个孩子交给母亲照看，甚至变卖丈夫洛夫莱斯伯爵的传家宝，以筹集经费。最终，她开天辟地地为分析机编出了程序。阿达编制的这些程序，即使到了今天，软件界的后辈仍然不敢轻易改动一条指令。人们公认她是世界上第一位软件工程师。为了纪念阿达，美国国防部在1981年将其所使用的一种计算机语言命名为“阿达”。

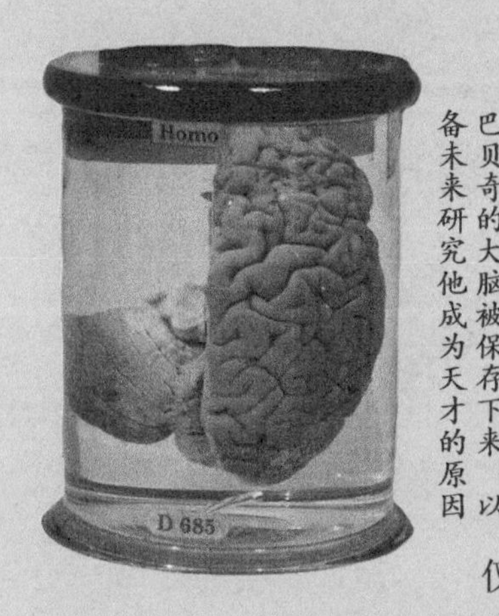

巴贝奇的大脑被保存下来，以备未来研究他成为天才的原因

尽管如此，两个人的努力始终没有产生成果。由于得不到任何资助，巴贝奇耗尽了自己的全部财产。阿达则因长期过度劳累，健康状况急剧恶化。1852年，这位美女软件奇才香消玉殒，年仅37岁。

阿达去世后，巴贝奇又默默地独自坚持了近20年。晚年的他已经不能准确地发音，甚至不能有条理地表达自己的意思，但仍然百折不挠地坚持工作。

1985年，伦敦博物馆按照巴贝奇的图纸，用17年时间造出了一台可用的分析机。尽管它的速度跟电子计算机没法比，但事实证明，巴贝奇的设计是行之有效的。

巴贝奇设计的分析机

阿贝尔数学奖的由来

数学是众多自然科学学科的基础，但世界著名的诺贝尔奖却没有设立数学奖项。有一则传说是，终身未婚的诺贝尔有一个情敌是数学家，他不想让自己的情敌获奖，就没有设立数学奖。但是，历史学家经研究发现，诺贝尔曾经爱过的3个女人的丈夫都和数学风马牛不相及。一般

诺贝尔奖中没有数学奖项，让人感到奇怪

索弗斯·李

认为，诺贝尔是一个企业家，重视实际的发明创造，觉得数学的价值不大，就没有设立数学奖。

早在19世纪末，因为诺贝尔没设立数学奖，挪威数学家索弗斯·李（又译作索菲斯·李）就倡议设立一个阿贝尔奖，专门奖励数学家。但是这个奖一直没搞成。2001年为纪念挪威数学家阿贝尔诞辰200周年，挪威政府宣布将设立阿贝尔奖，并一狠心，拿出了两亿挪威克朗做启动资金，最终建立了阿贝尔奖。

阿贝尔奖的颁发形式与诺贝尔奖相似，每年颁发一次，用来奖励每年为数学带来重大影响的人，被称为“数学界的诺贝尔奖”。阿贝尔奖的名称来自挪威数学家尼尔斯·阿贝尔。有一位法国数学家曾这样评价阿贝尔：“阿贝尔留下的东西，足够让数学家们忙上500年的。”在阿贝尔短暂的一生中，他做了很多开创性的研究。他最著名的成果有两个：证明了悬疑250年的五次方程的根式解的不可能性，在对椭圆函数的研究中发现了阿贝尔函数。

阿贝尔奖奖章

阿贝尔13岁读寄宿学校时，他的老师霍尔姆博第一个发现了他的数学天赋。他不仅鼓励阿贝尔钻研数学，还在课后给他开小课。在奥斯陆大学读书时，阿贝尔已经是挪威小有名气的数学家了。当时阿贝尔的父亲已经不在世，为了帮阿贝尔继续求学，霍尔姆博老师不仅帮他争取奖学金，甚至向亲友筹钱帮助阿贝尔。奥斯陆大学的其他一些教授也因惊叹于阿贝尔的才华，纷纷向他伸出援助之手。有人甚至在他大学毕业后仍旧给他提供资助，或者让他住在自己家里。

后来，为了能在更高层次研究数学，阿贝尔申请了政府奖学金，去欧洲大陆学习数学。在这次游学过程中，他先后游历了巴黎、柏林等城市，拜访结识了很多当时著名的数学家。可惜的是，他没有按照计划见到高斯。

阿贝尔纪念邮票

阿贝尔在巴黎期间不幸感染上了肺结核。回到挪威不到两年，他就离开了这个世界。当时他年仅27岁，已经和一个叫克里斯汀的姑娘订婚。他死后两天，邮递员送来了柏林大学请他去做教授的聘书。世界对这位早熟的天才的承认来得太晚了。

阿贝尔的未婚妻克里斯汀

运气更好因为文章写得棒

雅可比

德国数学家雅可比的父亲是一位富裕的犹太银行家。在12岁以前，雅可比跟着叔叔学习基础的文化知识。在他12岁进中学时，直接插班进入了最高年级，也就是说读到那个学年结束，他在12岁时就具备了进入大学的水平。可惜，当时的柏林大学不接收16岁以下的学生，他后来又在中学“留级”了好几年，一直到16岁才进入柏林大学。

在中学时，雅可比就开始研读很多讲高等数学的书，用自己的方法解繁难的五次方程。等进了大学，他发现自己还得自学，因为当时柏林大学的数学教育水平不高，已经满足不了他的需求。他就自己研究当时世界一流数学家的论文。此后他就一路波澜不惊地读博士，当教授，先后在柏林大学等多所大学当老师。

雅可比是柏林大学历史上第一位犹太数学教授

就职业方面来说，雅可比要比同时代的数学家阿贝尔、伽罗瓦幸运得多。雅可比年纪轻轻就获得了国际数学界的认可。他甚至突破了当时主流社会对于犹太人的歧视，成了柏林大学任命的第一位犹太数学教授。相对于阿贝尔，雅可比的优势是文章写得让人更容易懂。

雅可比是历史上最伟大的数学家之一。现代数学中有很多专有名词都是以“雅

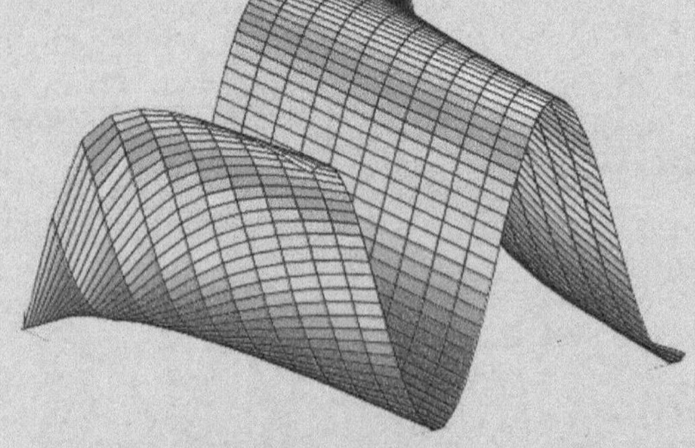
雅可比椭圆函数有12个类型，这里的是sn型的曲面图

可比”来命名的。他的最大成就是和阿贝尔分别独立地奠定了椭圆函数理论的基础。有人认为，欧拉是历史上最伟大的数学家，而能够接近他水平的就是雅可比。

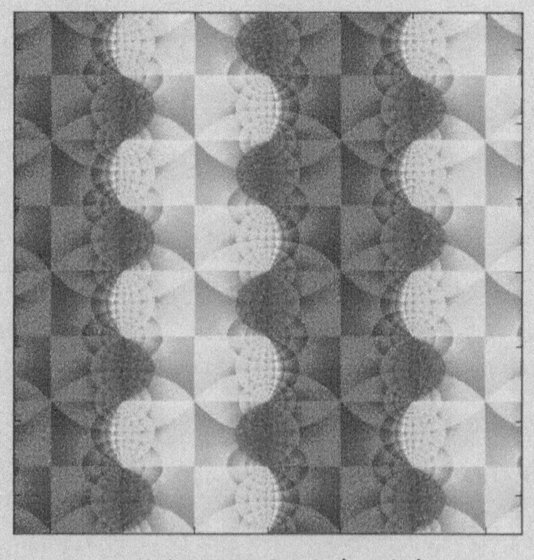
sn型雅可比椭圆函数在一定条件下的漂亮相位图

现代数学分析学之父

德国数学家魏尔斯特拉斯被称为现代数学分析学之父，他的工作覆盖多个领域，最终使得作为一门学科的数学分析走向了完善，可以说影响了整个20世纪数学发展的走向。

魏尔斯特拉斯在中学毕业时有7门功课获奖，其中包括数学，他自己也非常喜欢数学。但是，他的父亲坚持要把他送往波恩大学学金融和法律。魏尔斯特拉斯就经常不去上课，靠玩击剑和喝酒打发时光。他身材高大，击剑有力，一度成为波恩城的击剑名人。结果毕业时他连一个硕士学位都没拿到，更别说父亲期待的博士学位了。

晚年的魏尔斯特拉斯

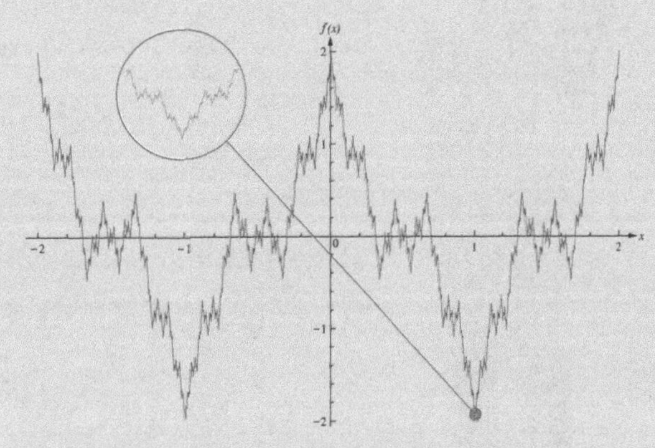

魏尔斯特拉斯函数，得名于它的发现者，是一种处处连续但处处不可导的函数，改变了当时人们对于连续函数的传统看法。

以魏尔斯特拉斯的名字命名的定理

- 魏尔斯特拉斯逼近定理
- 波尔查诺－魏尔斯特拉斯聚点定理
- 魏尔斯特拉斯极值定理
- 魏尔斯特拉斯－卡索拉蒂定理
- 魏尔斯特拉斯预备定理
- 林德曼－魏尔斯特拉斯定理
- 魏尔斯特拉斯分解定理
- 索霍茨基-魏尔斯特拉斯定理

他的父亲当然很生气，可毕竟父子情深，所以又安排他去参加教师资格考试。此后，魏尔斯特拉斯先后去了两个偏僻的小地方做了约15年的中学老师。他不仅教数学，还要教物理、德文、地理，甚至体育和书法，而且时常穷得连寄信的邮票都买不起。

就是在这种情况下，他白天教学生，晚上坚持攻读各种数学专著，并写了很多论文。1853年，也就是在他38岁时，他的一篇研究阿贝尔函数的论文终于引起了轰动。柯尼斯堡大学的一位数学教授亲自去他教书的中学授予他名誉博士学位。再往后，他又先后被请到柏林工业大学、柏林大学当教授，最后甚至成了柏林大学校长。

为情所苦的诗人数学家

青年时代的哈密顿

青年时代的凯瑟琳小姐

爱尔兰数学家哈密顿是一个具有诗人气质的数学家。12岁时，哈密顿曾和一个擅长心算的美国神童科尔伯恩比赛过心算，虽然失败了，但这使得他变得热衷于数学。17岁时，他曾在法国著名数学家拉普拉斯的书里挑出过一处错误。有一位科学家知道这件事后，就预言哈密顿将成为一流的数学家。

在读牛津大学时，他与一个叫凯瑟琳的姑娘相恋。可凯瑟琳却在家人的安排下与一个比他更富有的男人结了婚。毕业后，他去了一个自己不喜欢的天文台工作。这时，他又追求了另一个姑娘，结果因为误会还是没成。

他最终和一个自己不太喜欢的女生海伦结了婚。海伦不善于打理家务，经常一年半载地回娘家或者到外地去。哈密顿虽然结了婚，仍旧需要经常靠写诗和饮酒来打发自己空虚的时光。

过着这种生活的哈密顿，一生的绝大多数时间都是很苦恼的。在第一次失恋期间，他养成了一不开心就写诗来抒发感情的习惯。他曾写道：“诗与数学是近亲。”他本来似乎应该成为一个诗人。可惜，他的一个朋友是著名诗人华兹华斯，他明确地指出，哈密顿的数学天才要大于他的文学才华，哈密顿最好还是不要做什么诗人梦！

左图是现代画家复原的凯瑟琳画像（右），右图是哈密顿保存的凯瑟琳画像，从图中可以看出她并不开心

虽然情感、婚姻和工作都不尽如人意，但是哈密顿并没有被打倒。他一有空闲时间就把精力放在研究数学上。日积月累，在做出一些研究成果后，哈密顿成了一位知名的数学家，并且被英女王封为爵士。

有一段时间，哈密顿醉心于研究三元数。他的孩子们都知道这个，每天早晨都会问爸爸是不是会用三元数做乘法了。但当时他只能做三元数的加减法，始终没法取得突破。1843 年 10 月 16 日，哈密顿和海伦沿着天文台附近的一条运河散步。虽然海伦不停地跟他说这说那，哈密顿却恍若不闻，边走边思考着数学问题。忽然，他的眼睛亮了起来，稍微停了一会儿脚步后，他转身在桥身上刻下了“$i^2=j^2=k^2=ijk=-1$”这个公式。这个公式的提出意味着他发明了四元数。

哈密顿和妻子海伦在金雀花桥下

哈密顿意识到，四元数及其理论将给物理学中的数学应用带来革命性的变化，从此他把所有的可用时间都投入四元数的研究中。四元数本质上是一种高阶复数。复数对应的是二维空间，四元数对应的是四维空间。

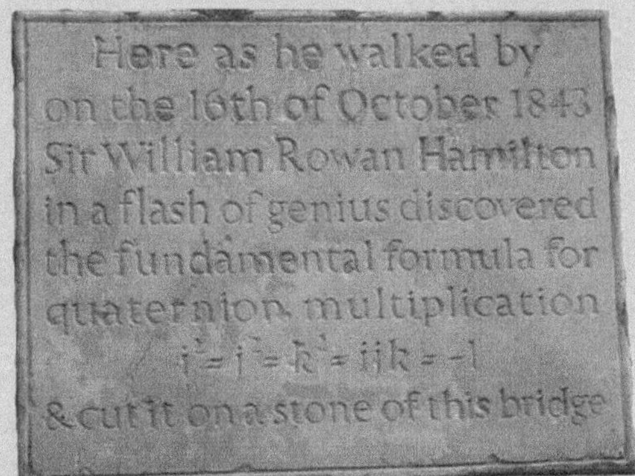

金雀花桥上的纪念石碑

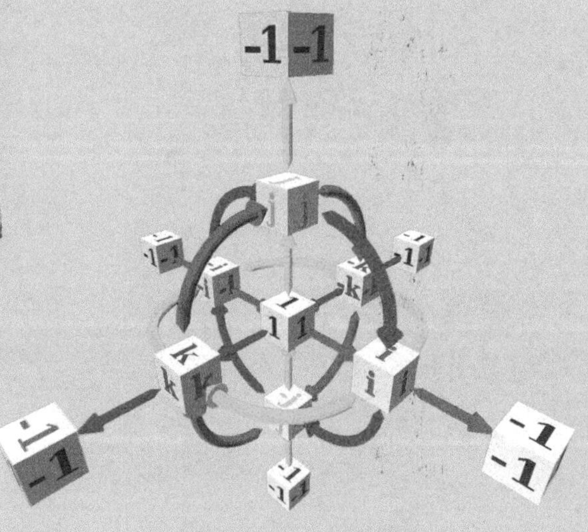

四元数系统的立体展示模型

现代数理逻辑科学的基石

有这样一个问题：有一位理发师宣称，他只给不自己刮胡子的人刮胡子。但理发师究竟给不给自己刮胡子？如果他给自己刮胡子，他就是自己刮胡子的人，按照他的原则，他又不该给自己刮胡子；如果他不给自己刮胡子，那么他就是不自己刮胡子的人，按照他的原则，他又应该给自己刮胡子。这就产生了矛盾。这个问题就是著名的罗素悖论中的“理发师悖论”，一个需要运用数理逻辑方法解决的难题。

青年罗素

提出“罗素悖论”的罗素是伟大的数学家、逻辑学家、哲学家和文学家，以及社会评论家。他在数学逻辑上的成就几乎是划时代的。

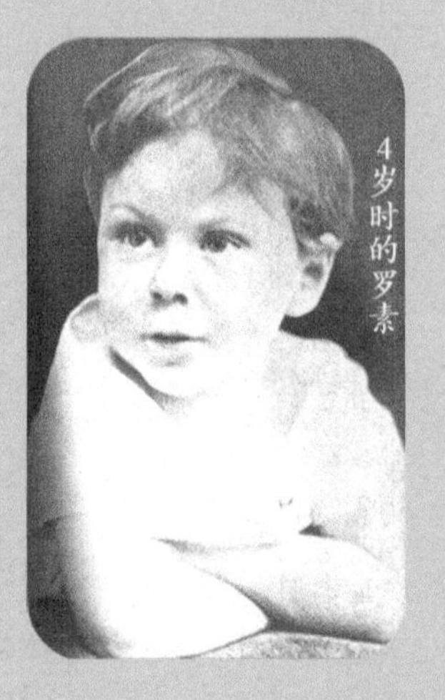

4岁时的罗素

罗素生于英国的贵族世家，其祖父约翰·罗素勋爵在维多利亚时代两度出任首相，并获封伯爵爵位。罗素4岁时失去双亲，由祖母抚养。他的祖母在道德方面对罗素要求极为严格，罗素喜欢数学的理由是“数学是可以怀疑的，因为数学没有伦理内容”。

父亲 安伯力子爵

母亲 凯瑟琳子爵夫人

祖父 约翰·罗素

祖母 弗朗西斯夫人

怀特海

在剑桥大学三一学院，罗素学习数学、哲学和经济学，师从数学家、哲学家怀特海。怀特海也是一个天才，他非常欣赏罗素。据说有一次罗素来上怀特海的课，怀特海却对罗素说：“你不用学了，你都会了。”

罗素留校任教期间，他和怀特海合作撰写了《数学原理》。罗素主要负责哲学方面的内容，怀特海主要负责数学方面的内容，他们相互交换草稿，共同订正。这部著作是20世纪科学的重大成果，被公认为现代数理逻辑科学的基石，被誉为“人类心灵的最高成就之一”。

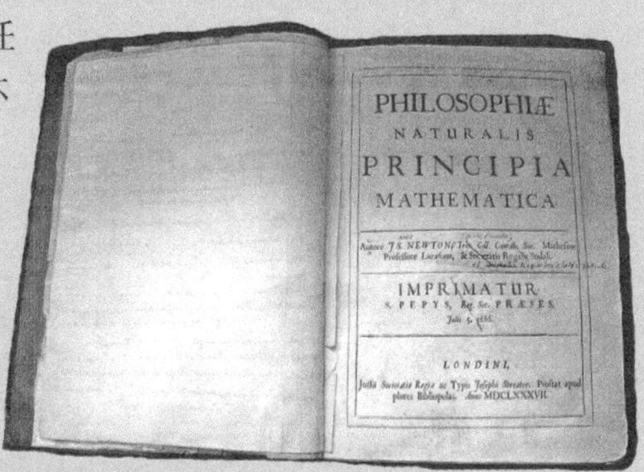

《数学原理》

罗素和怀特海的关系有点像牛顿和巴罗，但罗素的强烈个性使得他不甘于从事寂寞的纯科学研究。第一次世界大战爆发后，罗素因组织反战活动被三一学院解职。此后，他一生的大部分时间都在游学、讲座，以及参与社会活动中度过。在美国期间，由于某些观点非主流，罗素遭到冷落，穷困潦倒。这时，费城的百万富翁巴恩斯博士向罗素伸出了援手，邀请罗素在巴恩斯艺术基金会讲授西方哲学史。巴恩斯中途毁约，但他给出的违约金彻底地解决了罗素的财务问题。罗素在讲座期间攒的演讲稿则被结集为《西方哲学史》，给罗素带来巨大成功和声望。

巴恩斯博士

罗素所著的《西方哲学史》

第二次世界大战后，被困在美国的罗素这才重新返回三一学院任教。在20世纪50年代，罗素做得最漂亮的事情是联合爱因斯坦发表反对核战争的《维也纳宣言》。

晚年的罗素

计算机的“御用”代数

布尔

布尔是一个皮匠的儿子，生于英国林肯。由于家境贫寒，布尔不得不在协助父母养家的同时为自己能受教育而奋斗。一开始，他考虑过以牧师为业，但最终还是决定当老师。由于最开始没人聘请他，他就自己开办了一所学校。

在备课的过程中，布尔感到当时的数学课本都存在这样或者那样的问题，便决定直接阅读伟大数学家的论文，靠自己的力量编写课本。布尔撰写的课本水平很高，在英国一直使用到 19 世纪末。这样，他在编课本的同时阴差阳错地成了一位数学家。1854 年，他出版了《思维规律的研究》一书，这本书是他写的一本最著名的书。在这本书中布尔介绍了现在以他的名字命名的布尔代数，也就是逻辑代数。罗素认为，以布尔代数为代表的所谓纯数学是由布尔发现的。布尔代数不仅可以在数学领域内实现集合运算，而且广泛应用于电子学、计算机硬件、计算机软件等领域的逻辑运算。

布尔代数

布尔代数又叫逻辑代数，是代数的一个分支。在布尔代数中，只有真和假两个数值，分别用1和0代表。布尔代数的主要运算是与（∧）、或（∨）、非（－）。普通代数描述数量关系，而布尔代数描述逻辑关系。

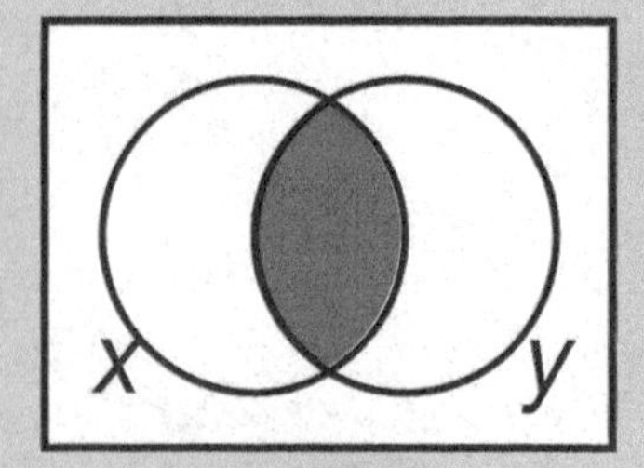

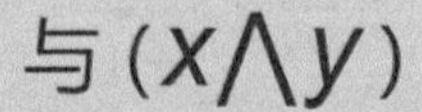

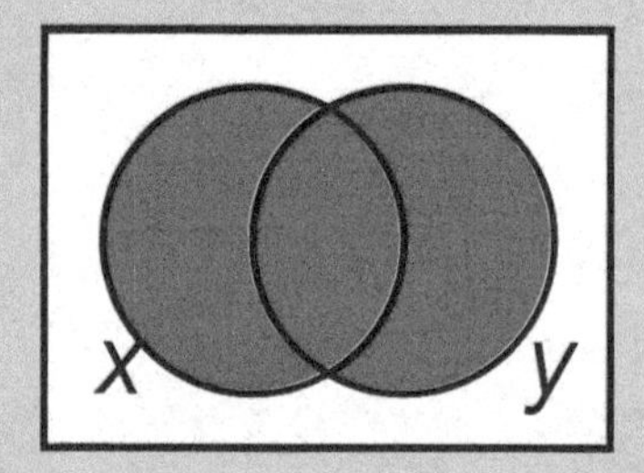

或（$x \vee y$）

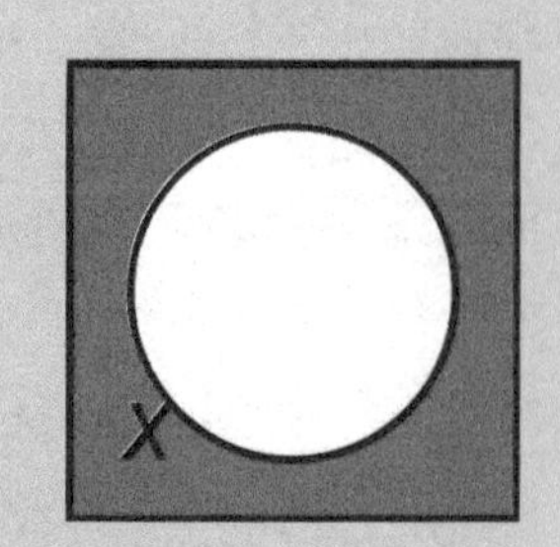

非（$\overline{x}$）

1864 年的一天，阴雨连绵，布尔在被雨淋湿后，仍然哆哆嗦嗦地走上了讲台，结果不久后因感染肺炎去世。

世界上第一个数学女博士

少女时代的柯瓦列夫斯卡娅

俄国女数学家柯瓦列夫斯卡娅不仅是世界上第一个数学女博士，还是北欧第一个全职女教授，曾被一位科学史学家称为“20世纪以前最伟大的女科学家”。

柯瓦列夫斯卡娅生于俄国的一个贵族家庭。她从小跟着家庭教师学习，受到过良好的教育，表现出对于数学和自然科学的强烈兴趣。但在19世纪的俄国，作为一个女生，她是没法接受高等教育的。

父母反对柯瓦列夫斯卡娅继续求学

柯瓦列夫斯卡娅在大学讲课

20岁时，柯瓦列夫斯卡娅与一个男大学毕业生结婚，以男毕业生妻子的身份来到了柏林大学。经过严格的考核，魏尔斯特拉斯意识到这是一个非常有才华的数学苗子。问题是按当时柏林大学的制度，是不能录取女生的。魏尔斯特拉斯决定在家里给柯瓦列夫斯卡娅上课。这样，他每天在学校讲的数学课，回家后再给柯瓦列夫斯卡娅讲一遍。这对儿不同寻常的师生成就了一段历史佳话。

4年以后，柯瓦列夫斯卡娅以优异的成绩完成了所有课程，还写了3篇论文提交给格丁根大学，作为博士论文。格丁根大学最终授予她一个最优等的数学博士学位。后来，柯瓦列夫斯卡娅又成了瑞典斯德哥尔摩大学的教授。她最辉煌的成绩是解决了用数学方法描述刚体运动问题。要知道欧拉、拉格朗日都研究过这个问题，但是都没搞明白。凭借这个研究成果她荣获了法国科学院大奖。这位女数学家在41岁时因肺炎英年早逝。

中年的柯瓦列夫斯卡娅

不可思议的拉马努金

拉马努金是近1000年来印度最杰出的数学家，也是具有世界影响的印度数学家。拉马努金出生于印度东南部的一个贫困家庭，青少年时代甚至经常挨饿。拉马努金严重地偏科，他的唯一兴趣是数学。尽管由于偏科大学未能毕业，但是他通过自学在数学方面达到了惊人的水平。

离开学校后，他仍然一边工作一边研究数学。1913年，拉马努金给剑桥大学的3位数学家写信，介绍自己的研究成果。三一学院的哈代院士在研读了拉马努金的信后，发现拉马努金是一个天才。他认为拉马努金的天才水平至少相当于欧拉和雅可比的水平。在和拉马努金进行过更多的通信后，他把拉马努金请到了英国。两人在英国开始了富有成果的合作。拉马努金发表了很多令人吃惊的研究成果。在哈代的帮助下，拉马努金成为三一学院的院士，并且成为英国皇家学会会员。

由于过度投入研究工作，加上可能患有肝变形虫病，拉马努金的身体到英国后越来越糟。1919年他返回印度，不久之后就去世了，年仅33岁。他给这个世界的最后一件礼物是拉马努金 θ 函数。拉马努金的神奇之处在于，他经常不作证明地凭直觉给出非常正确的结论。他留下的3册笔记本上记录了大量的这种定理和公式。有很多学者研究他的文稿，并不断有让人惊喜的发现。

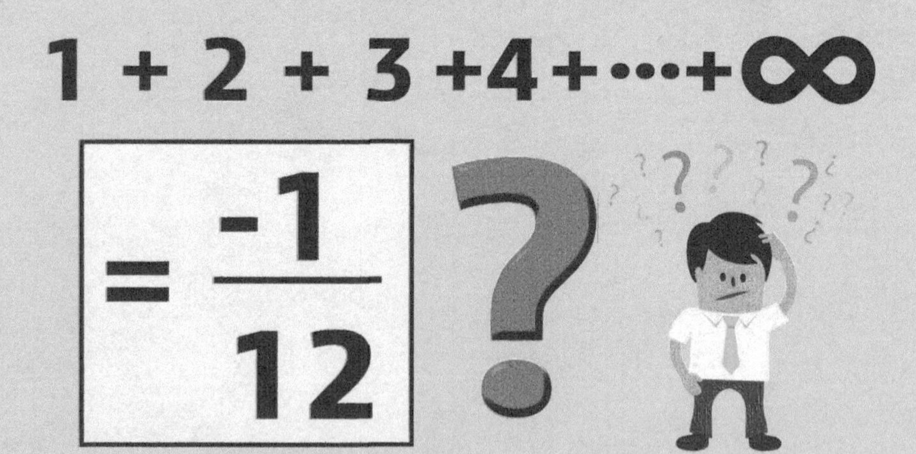

拉马努金求和是拉马努金发明的一种数学技巧，并非一般意义的求和，可得到令人吃惊的结果

23个最重要的数学问题

在1900年巴黎举行的国际数学家会议上，德国数学家希尔伯特发表了题为《数学问题》的著名讲演。他根据过去特别是19世纪数学研究的成果和发展趋势，提出了23个最重要的数学问题。这23个问题涉及现代数学的大部分重要领域，后来成为许多数学家力图攻克的难关，对现代数学的研究和发展产生了深刻的影响。

希尔伯特

康德墓

希尔伯特生于德国柯尼斯堡，与康德是老乡。每年4月22日，小希尔伯特总会被母亲带去康德的墓地，向这位伟大的哲学家致敬。此外，他也曾在康德就读的弗雷德里希中学读过书。

18岁时，希尔伯特进入柯尼斯堡大学，不顾法官父亲的反对，进了哲学系学数学（当时数学专业还属于哲学系）。在大学，很多同龄人将宝贵的时光花在社交和娱乐活动中，然而对希尔伯特来说，大学生活的更加迷人之处却在于他可以把全部精力都投入数学学习中。

弗雷德里希中学

作为格丁根大学的教授，希尔伯特是现代格丁根学派的核心人物。他去世时，德国《自然》杂志称他是“数学界的亚历山大”。

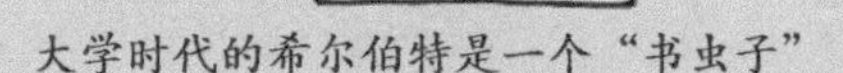
大学时代的希尔伯特是一个“书虫子”

极具颠覆性的量子数学

1900年，德国柏林大学教授普朗克首先提出了量子论。根据量子论，组成物质世界的量子不是台球一样的实体，而是嗡嗡跳跃的概率云，它们不是只存在于一个位置，也不会从点A通过一条单一路径到达点B。基于时间和空间的量子性而建立的数学就是量子数学，用于描述真实的物理世界。

微积分是现代科学所必需的数学工具，遍布于作为现代科学两大支柱的相对论和量子力学的各个角落。但是量子力学的发展表明，时间和空间是不连续的，是不可以任意无限分割的。这就表明，微积分赖以成立的基础实际上并不存在，用微积分描述的物理世界与真实世界存在偏差。

假设毫米是基本单位，请设想，怎样产生0毫米到1毫米这段长度呢？可以用10段0.1毫米去组成。那么从0毫米到0.1毫米又怎样产生呢？可以用100段0.001毫米去组成。那么从0毫米到0.01毫米又怎样产生呢？可以用1000段0.00001毫米去组成。那么从0毫米到0.001毫米又怎样产生呢……这个问题可以无穷尽地问下去，由此知道：不存在无限小的数学单位。其他所有的数都是某一很小单位的整数倍。量子数学就是建立在这种看法基础上的数学。

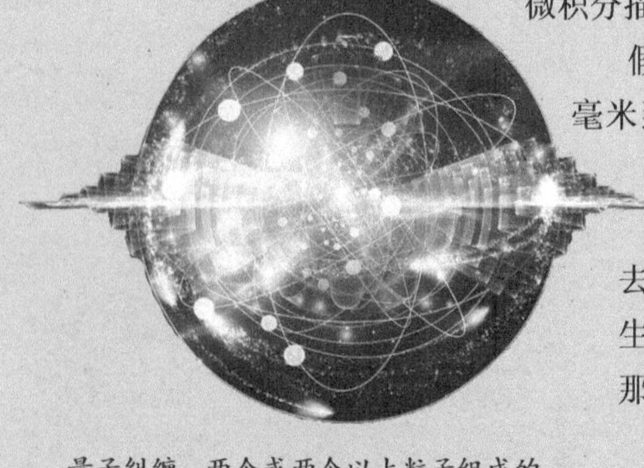

量子纠缠：两个或两个以上粒子组成的系统中粒子相互影响

（直径）

电子<10^{-14}米

原子核约10^{-14}米

夸克<10^{-18}米

原子约10^{-10}米

质子约10^{-15}米

爱因斯坦的数学遗憾

闵可夫斯基

爱因斯坦的大学老师德国数学家闵可夫斯基曾说：“爱因斯坦在学生时期是条‘懒狗’，他一点也不为数学操心。”确实，很多迹象表明，尽管爱因斯坦不缺乏数学方面的天赋，但是他对于数学并不是特别上心。事实上他的很多物理学成就都是建立在其他数学高手的成绩之上的。从狭义相对论到广义相对论，从广义相对论到统一场理论，爱因斯坦都艰难地跋涉了很多年，其重要原因是缺乏必需的数学理论基础，而每一次重大突破首先都伴随着数学方法的突破。

时间
未来光锥
观察者
现在的超曲面
空间
空间
过去光锥

闵可夫斯基空间

格罗斯曼　爱因斯坦

1907 年，闵可夫斯基提出“闵可夫斯基空间”，为爱因斯坦的狭义相对论提供了合适的数学模型。在广义相对论中，爱因斯坦使用了黎曼几何和能量计算公式，这些数学工具的使用方法则是爱因斯坦从他的同班同学、苏黎世大学的数学教授格罗斯曼那里学到的。广义相对论后来又推动了黎曼几何的发展。

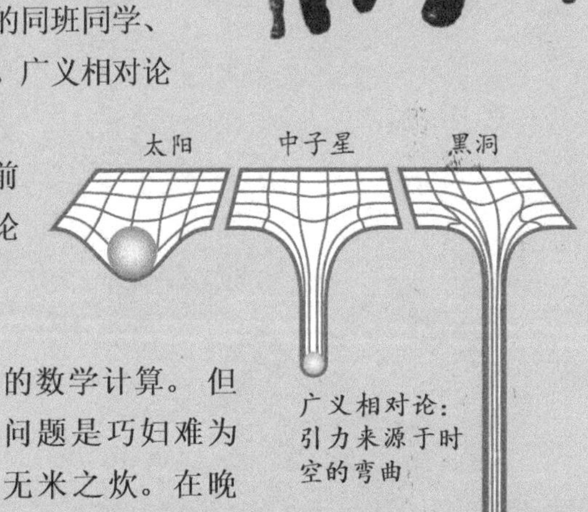

广义相对论：引力来源于时空的弯曲

爱因斯坦是一个勤奋的人，直到临终前一天，他还在病床上准备继续他的统一场论的数学计算。但问题是巧妇难为无米之炊。在晚年回顾研究相对论的这段经历时，爱因斯坦坦率地承认，他过去轻视数学是一个极大的错误。

狭义相对论：在所有惯性系里，除跟引力相关的物理定律外，其他物理定律都是成立的

真的不一定可证

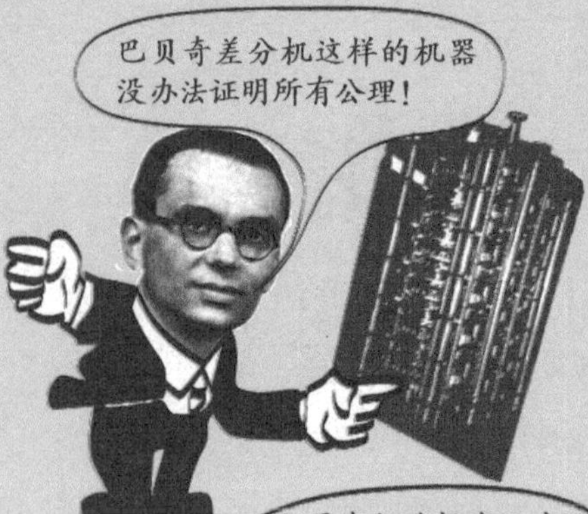

20世纪20年代，数学家希尔伯特向全世界的数学家抛出了个宏伟计划，其大意是建立一组公理体系，使一切数学命题原则上都可由此经有限步推定真伪。希尔伯特的计划也确实有一定的进展，不料，突然响起一声晴天霹雳。1931年，在希尔伯特提出计划不到3年时，维也纳大学的数学家哥德尔就使他的梦想变成了令人沮丧的噩梦。

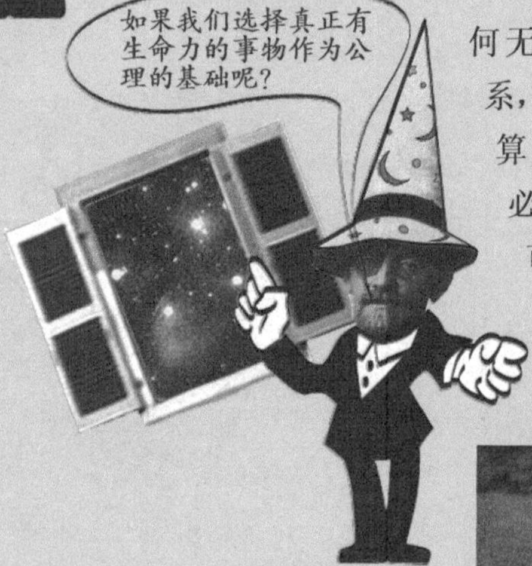

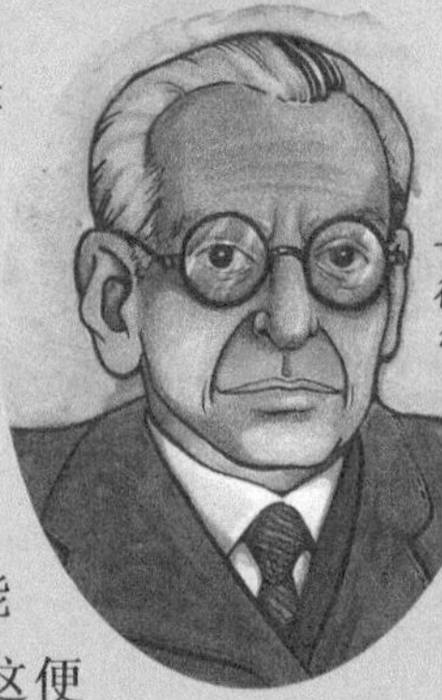
哥德尔

哥德尔证明：任何无矛盾的公理体系，只要包含初等算术的陈述，则必定存在一个不可判定命题，即用这组公理不能判定其真假。这便是闻名于世的哥德尔不完全性定理。该定理一举粉碎了数学家2000年来的信念。他告诉我们，真与可证是两个概念，可证的一定是真的，但真的不一定可证。

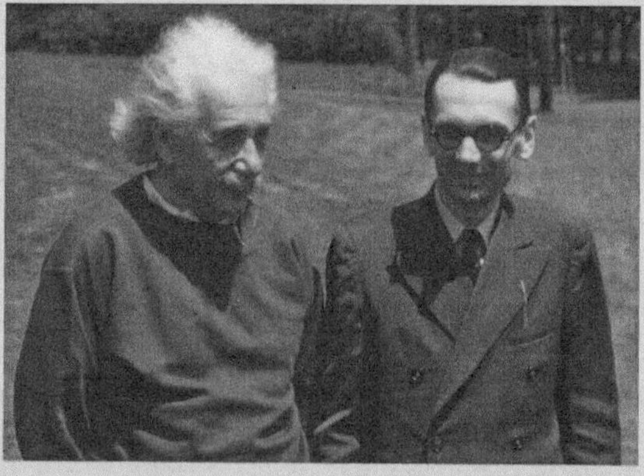
爱因斯坦（左）和哥德尔

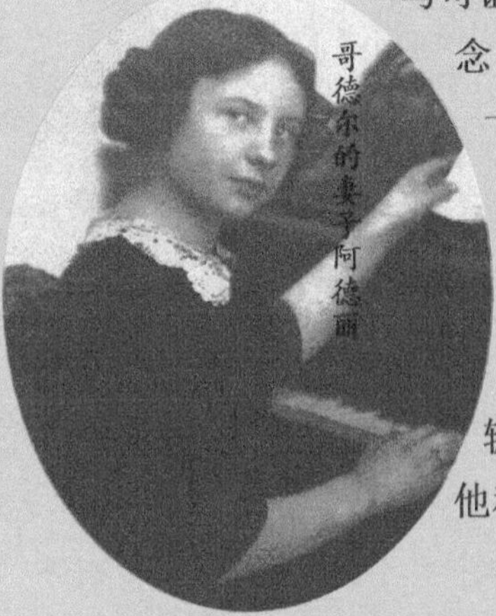
哥德尔的妻子阿德丽

哥德尔生于捷克，早年在维也纳大学学习、工作。纳粹德国占领奥地利后，哥德尔经俄国西伯利亚铁路，辗转流亡到了美国，在普林斯顿高等研究院工作。在那里，他和开朗外向的爱因斯坦成了好朋友。

不存在的数学家

在1914年到1918年的第一次世界大战中，德国政府和法国政府针对科学家参战问题采用了不同的方法。德国人让他们的学者去研究科学，借助他们的研究成果来提高军队的战斗力。而法国人，至少在战争初期一两年间，却让很多年轻的科学家跟其他法国人一样也到前线服役，其结果是对法国科学界造成了可怕的大屠杀。高等院校的优秀学生们有2/3在战争中阵亡。

第一次世界大战期间的作战场面

安德烈·韦伊

第一次世界大战后，有感于法国数学和科技人才的凋零，一群聚集在巴黎的数学家决心重建法国的数学传统，在高等数学领域有所建树。1934年，他们在安德烈•韦伊的组织下，在巴黎召开了第一次会议。他们决定在集体创作的作品中采用“尼古拉•布尔巴基”这个笔名。

布尔巴基学派编撰的《数学原本》是有史以来规模最大的数学论著，把人类长期积累下来的数学知识整理成了一个井井有条、博大精深的体系。

布尔巴基学派的《数学原本》书系

博弈论解释竞争

两个囚犯（*A* 和 *B*）作案后被警察抓住，隔离审讯；警方的政策是“坦白从宽，抗拒从严”。如果两人都坦白则各判 8 年；如果一人坦白另一人不坦白，坦白的放出去，不坦白的判 10 年；如果都不坦白，则因证据不足各判 1 年。

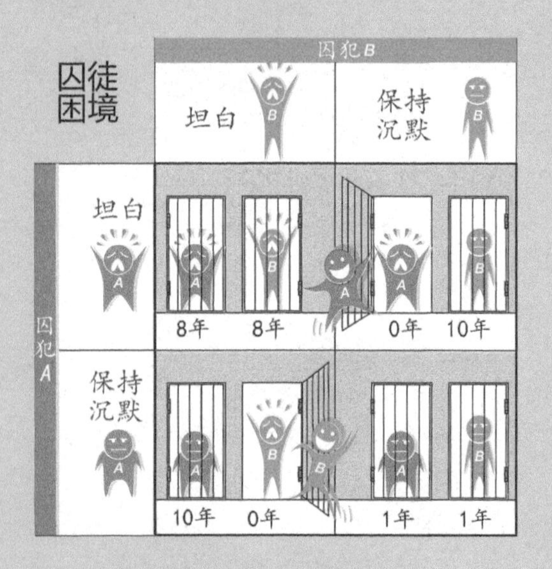

猜猜看，这两个囚犯会怎样选择呢？根据左图中的分析，不难发现，由于囚犯之间缺乏沟通，每个人都怕被对方出卖，尽管理想状态下双双保持沉默的利益最大，最后大家还是会出于担心被出卖而全都选择坦白。

这个故事叫作“囚徒困境”，最早是由美国普林斯顿大学的数学家阿尔伯特·塔克在 1950 年提出来的。当时他编了这个故事给一群心理学家们解释什么是博弈论。这个故事后来成为博弈论中最著名的案例。故事中囚犯权衡利弊的过程，

就是所谓的博弈。博弈广泛地存在于社会生活中，也广泛地见于跳棋、象棋和桥牌等博弈类游戏中。早期的博弈论主要研究博弈类游戏中的胜负问题，没有向理论化、系统化方向发展。

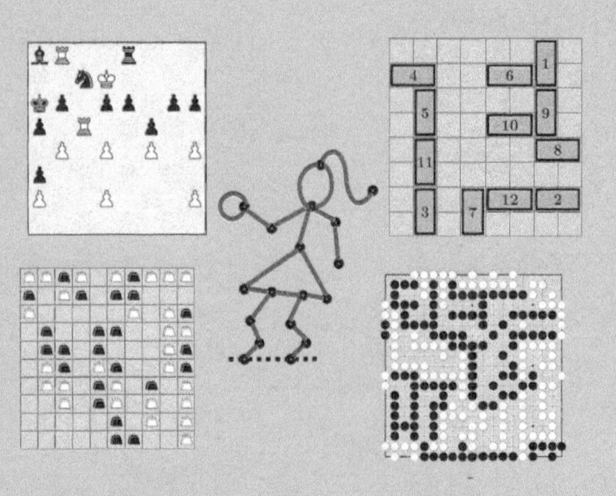

现代博弈论研究具有斗争或竞争性质/现象的数学理论和方法，是现代数学的一个新分支。1928年，美国数学家冯·诺依曼（又译作冯·诺伊曼）证明了博弈论的基本原理，从而宣告了博弈论的正式诞生。1944年，冯·诺依曼和德国－美国经济学家莫根施特恩合著的划时代巨著《博弈论与经济行为》奠定了这一学科的基础和理论体系。截至2014年，已经有11位研究博弈论的学者获得了诺贝尔经济学奖。

除了创立博弈论，作为数学家的冯·诺依曼还有更厉害的成就。冯·诺依曼像爱因斯坦一样，是一个犹太人。他生于匈牙利的布达佩斯，从小就显示出数学和记忆方面的天赋。据说6岁时他能心算8位数除法，8岁时掌握微积分，10岁时就读完了一部48卷的世界史，12岁就能读懂法国著名数学家有关函数的著作。读大学时，冯·诺依曼光参加考试不听课，竟然也取得了布达佩斯大学的博士学位。

冯·诺依曼和妻子克莱拉在一起

童年时代的冯·诺依曼

冯·诺依曼在ENIAC机房

在普林斯顿大学任教期间，冯·诺依曼先后参与了原子弹和电子数字积分计算机（ENIAC）的设计制造。在设计制造世界上第一台有影响力的计算机的过程中，冯·诺依曼大胆提出了采用二进制，以及预先编程的计算机设计方案。当今最先进的计算机都采用的是这种设计模式。

“疯子”数学天才纳什

美国数学家约翰·纳什是诺贝尔经济学奖、阿贝尔数学奖得主，也是现代世界最著名的几个“疯子”科学家之一。他传奇的人生经历曾被改编拍摄成电影《美丽心灵》。

纳什生于一个富裕的美国家庭，父亲是一个电子工程师，母亲是一个老师，家庭健全而温暖。他的父母有时喜欢鼓励他学一些相对于年龄来说超前的知识。他从小就有点内向和孤僻，宁可一个人待在书堆里，也不愿出去和小朋友们玩。小学时他在数学方面并不突出，但是他很喜欢探索一些不同寻常的方法来解题。到了中学，这种情况变得越发常见。有时老师写了一张黑板的演算做习题，他用几步就得到了结果。

大学毕业申请读博士时，纳什创造了一个纪录：同时被哈佛、普林斯顿、芝加哥和密歇根等 4 所大学录取。经当时普林斯顿大学数学系主任写亲笔信劝说，他最终选择了普林斯顿大学。

纳什在普林斯顿大学如鱼得水，在导师塔克的指导下，22 岁就拿到了博士学位，然后留校任教，不到 30 岁已经成为数学界的新星。

纳什均衡又称为非合作博弈均衡。在一个博弈过程中，无论对方的策略如何，当事人一方都会选择某个确定的策略，则该策略被称作支配性策略。如果两个博弈者的策略组合分别构成各自的支配性策略，那么这个组合就被定义为纳什均衡。

1950 年获得博士学位时留影

纳什最重要的成就是在博士论文中提出了“纳什均衡”的概念。他的博士论文仅有 28 页，却为他后来拿到诺贝尔奖打下了基础。

青年时代的纳什有着1.85米的身高，“就像天神一样英俊”。他的才华和相貌吸引了一个漂亮的女生艾丽西亚，她是当时麻省理工学院物理系仅有的两名女生之一，才貌双全。1957年，他们结婚了。1958年，《财富》杂志曾把纳什评为新一代天才数学家中最杰出的人物。

1960年纳什和艾丽西亚在巴黎

不出意外的话，纳什本来应该成为一个受人欢迎的大学教授。可就在1959年，纳什开始出现精神分裂症的症状，后来两次被送进精神病院。20世纪70年代以后，他的病情逐渐减轻，但始终还是没法完全像普通人一样生活。妻子艾丽西亚虽然一度和纳什离婚，但仍让纳什和自己住在一起，并依靠自己微薄的薪金养活纳什和两人的孩子。

结婚合影

艾丽西亚的不离不弃最终获得了回报。20世纪80年代以后，人们经常在普林斯顿大学的校园里看到一个有些疯癫的怪老头。虽然绝大多数人不知道这个怪老头是何方神圣，但纳什在学术界的影响力越来越大。他的纳什均衡理论开始越来越多地出现在经济学教科书上，对经济学进行了全面的改造。1994年，纳什与其他两位科学家一起荣获诺贝尔经济学奖。1999年，纳什荣获美国数学学会颁发的斯蒂尔奖。2001年，艾丽西亚和纳什正式复婚。2015年，纳什与另外一位科学家一起荣获阿贝尔奖。令人遗憾的是，在从挪威返回美国家中的路上，这对患难夫妻遭遇车祸双双去世。

纳什和艾丽西亚在第74届奥斯卡金像奖颁奖典礼上。《美丽心灵》获得了那届奥斯卡奖的4个奖项

纳什的诺贝尔奖奖章和证书

图灵用数学帮盟军打赢第二次世界大战

图灵

英国数学家图灵被称为计算机科学之父、人工智能之父。他在数理逻辑和计算机科学方面的成就是现代计算机技术发展的基础。

图灵的父亲是当时英属印度的殖民地官员，图灵在1岁时曾被送到父母的朋友家借住。6岁时他就开始读寄宿学校。这种亲情的缺失造成了他内向而敏感的性格。图灵在很小时就表现出极高的智商，喜欢钻研数学和下国际象棋。读中学时，他几乎能拿到学校发的每一项数学奖项。但是，他有一个特点，就是总喜欢用别出心裁的方法解题。16岁时，他已经能够读爱因斯坦的书，并从中看出爱因斯坦对于牛顿理论的怀疑。

图灵机模型

图灵在剑桥大学

早在剑桥大学期间，他在一篇论文中首先设想了一种可以用于计算和证明的简单形式的抽象装置——图灵机。这是图灵所有成就中最了不起的一项。从剑桥大学数学专业毕业后，他又去美国普林斯顿大学读了博士。回到英国后，他开始研究制造图灵机，以便攻克数学难题。这时第二次世界大战爆发了。图灵为英国外交部通信处所招聘。他领导一个密码破译小组，破译了纳粹德国的密码系统，盟军因此对德军的很多行动了如指掌。据说，图灵的工作至少使打败纳粹德国的时间提前了两年。图灵因此荣获大英帝国勋章。

图灵获得的大英帝国勋章

第二次世界大战后，图灵一度在英国国立物理实验室负责计算机的研发。他所提出的ACE型计算机设计超出了当时人们的想象，因此未能获准制造。后来，他在剑桥大学制造了一台ACE型机的试验机。后来世界上的很多计算机都参考了这台计算机的设计。在曼彻斯特大学工作期间，他负责为世界上的第一台程序存储计算机曼彻斯特1号编写软件程序。他还为那台计算机写了世界上第一个国际象棋程序。但那台计算机功率太小，无法运行那个程序。他就模仿计算机在纸上运算，然后自己代替计算机和同事下棋。结果计算机没下过人！当时他还提出了一个后来被称为“图灵测试”的实验，用于判断计算机是否具有智能。

图灵设计的ACE型计算机的试验模型机

图灵还是一个出色的马拉松运动员。他的马拉松最好成绩是2小时46分，有一年差点代表英国参加奥运会。图灵的体力可说是天赋异禀，在他读中学时，有一次因为发生罢工，公共交通工具停运，他竟然一个人骑行了96千米去上学。

图灵参加马拉松比赛

以图灵的名字命名的图灵奖是美国计算机协会在计算机方面所授予的最高奖项，被称为计算机界的诺贝尔奖，它主要授予在计算机领域做出突出贡献的人。

图灵奖的奖杯图灵碗

如果一台机器能够与人类展开对话（通过电传设备）而不能被辨别出其机器身份，那么称这台机器具有智能

“蝴蝶效应”与混沌理论

电影《蝴蝶效应》中，主人公伊万在心理医生的引导下发现自己童年曾做过很多错事，他便借助科技的力量把自己的意识输送回童年的身体，试图借此改正这些错误。结果，他每改正一个错误，就会造成接踵而来的其他错误。他就反复往返于不同的时空之间，直到产生不可挽回的局面。

南半球的蝴蝶扇动翅膀

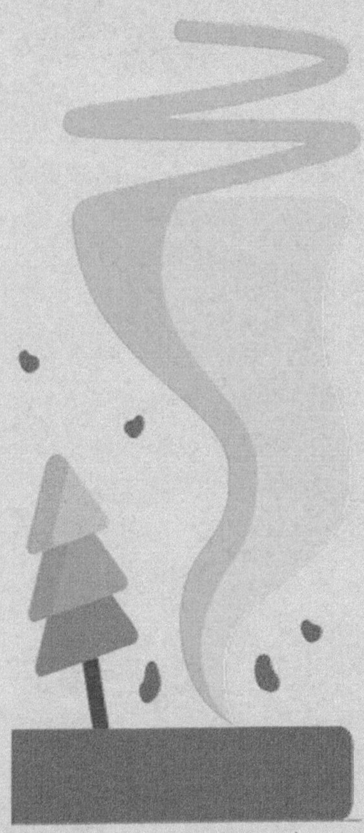
北半球一些地方刮起了龙卷风

“蝴蝶效应”最早由美国气象学家洛伦茨提出。他是麻省理工学院的教授。他指出：一只蝴蝶在巴西轻轻扇动翅膀，结果可以导致一个月后在美国得克萨斯州发生一场龙卷风。“蝴蝶效应”指在一个动力系统中，初始条件下微小的变化能带动整个系统产生长期而巨大的连锁反应，而且这种连锁反应的效果是不可预期的。

洛伦茨

提出“蝴蝶效应”后，洛伦茨进一步提出了混沌理论。混沌理论与相对论、量子力学一同被列为20世纪的最伟大发现。量子力学质疑微观世界的物理因果律，而混沌理论则否定了包括宏观世界在内的因果律。试图用数学方法理解混沌现象，并加以控制利用的数学就是混沌数学。

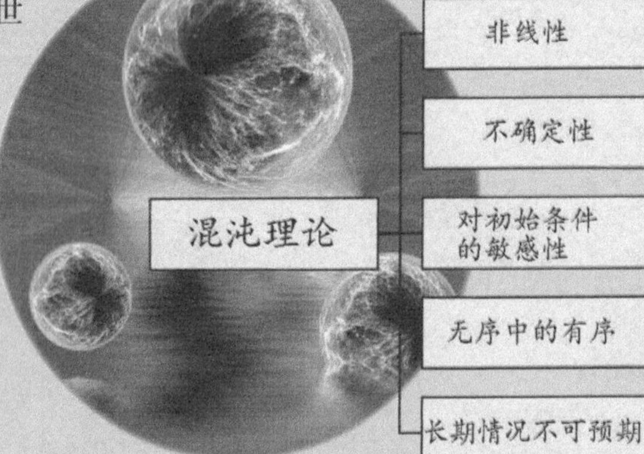

公钥密码系统的发明

密码在人类的历史上源远流长。古希腊人经常把腰带缠在木棍上写信，解下腰带后，文字就变得不可识别。接收情报的人把腰带缠在跟原来粗细一样的木棍上，就可以读出密信。中国明朝的戚继光则使用古代的反切注音法作为密码。

古希腊人用的密码腰带

作为一种混淆信息的方法，密码的作用是把可识别的正常信息变成不知道密码的人不能识别的信息。在汉语中，“密码”这个词除了用来指这种加密信息的技术，还可以指称用于登录网站、电子邮箱、计算机系统和银行账户需要输入的“口令”。密码的这个词义，这里暂不讨论。

随着数学的发展，人们学会了采用复杂的计算方法对密码进行加密。其中，公钥密码系统是现代密码学发展过程中里程碑式的发明。公钥算法是在1976年由当时在美国斯坦福大学的迪菲和赫尔曼两人首先发明的。但目前最流行的RSA算法由美国麻省理工学院的教授李维斯特、沙米尔和阿德尔曼在1978年共同开发，RSA为3位数学家姓氏的首字母组合。RSA算法使用两个密钥，其中一个为公钥，另一个为私钥。如用其中一个加密，则可用另一个解密。RSA算法可把每一块明文转化为与密钥长度相同的密文块，目前几乎没有有效的破解方法。

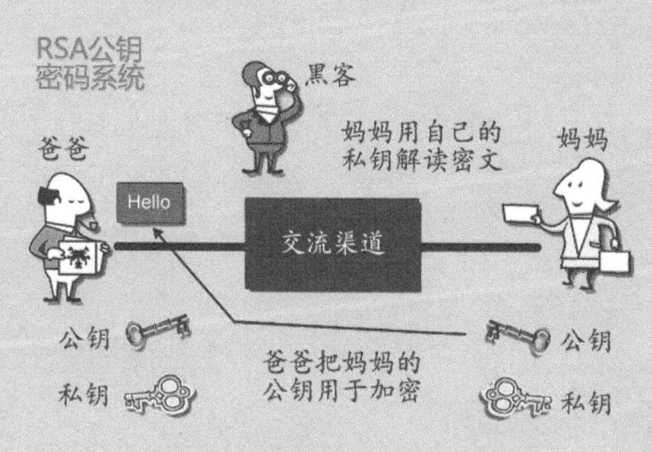

21 世纪有待解决的数学难题

宇宙是无限的，科学的奥秘也是无限的。尽管人类研究数学这门学问已经持续了数千年，但仍然有很多数学难题未能解开，让那些有志于研究数学的人们魂牵梦萦。2000 年，美国克雷数学研究所在位于巴黎的法国科学院召开会议，公布了 21 世纪有待解决的七大数学难题，每个问题悬赏 100 万美元。到最近这段时间，除了庞加莱猜想这一难题在 2006 年被俄罗斯数学家佩雷尔曼破解外，其他问题均无人能解。

看来我们还有很多工作要做。你做好准备了吗？